AF560991

Alexander Kraft · Zwei Herzöge im Goldrausch

SALIER
VERLAG

Sonderveröffentlichung
des Hennebergisch-Fränkischen Geschichtsvereins
Nr. 39

Alexander Kraft

Zwei Herzöge im Goldrausch

Die Alchemie am Fürstenhof von Sachsen-Meiningen von 1680 bis 1724

Salier Verlag

ISBN 978-3-96285-059-3

1. Auflage 2024

Sonderveröffentlichung Nr. 39
des Hennebergisch-Fränkischen Geschichtsverins e. V.
Kloster Veßra

Umschlaggestaltung: Christine Friedrich-Leye, Leipzig
Satz & Layout: InDesign im Verlag
Herstellung: Salier Verlag, Eichberg 21, 98673 Eisfeld
Printed in the E.U.

www.salierverlag.de

„Ewig schon schreibt des Goldes Macht
und der Reichtum schürt die Gier,
für ein Leben in Glanz und Macht,
angefüllt mit Prunk und Zier.
Wer dabei auf der Strecke blieb,
keiner störte sich daran.
Über Leichen man lächelnd stieg,
alles in des Goldes Bann.

Und man trieb ein verteufelt Spiel
mit Hexerei und Zauberkraft.
Alles Streben galt nur dem Ziel,
das den Stein der Weisen schafft.
Doch was nützt jede Goldtinktur,
ist sie Schwindel und Betrug,
stärker bleibt doch die Natur
und die Menschen sind sie klug.“

Norbert Jäger (1945-2017), Stern Combo Meißen, 1979

Inhalt

1. Einleitung

Das ernestinische Herzogtum Sachsen-Meiningen, im fränkisch geprägten Südwesten Thüringens gelegen, existierte 240 Jahre lang, von 1680 bis 1920. Es ist bisher kaum bekannt, doch die beiden ersten Herrscher dieses kleinen thüringischen Herzogtums, Bernhard I. (1649-1706, Herzog seit 1680) und Ernst Ludwig I. (1672-1724, Herzog seit 1706) betrieben mit großem materiellen und zeitlichen Aufwand alchemische Forschungen. Davon zeugen eine Vielzahl von Archivalien in den Thüringer Staatsarchiven in Gotha und Meiningen, die in diesem Buch erstmals umfassend ausgewertet werden. Im Wesentlichen werden die alchemischen Hinterlassenschaften Bernhards in Meiningen[1] und die von seinem Sohn als „*H. Ernst Ludwigs zu S. Meiningen Chymica*" in Gotha[2] aufbewahrt.

Im geschichtswissenschaftlichen und wissenschaftshistorischen Schrifttum finden wir bislang drei ausführlichere Erwähnungen alchemischer Versuche im Herzogtum Sachsen-Meiningen. Erstmals erwähnte schon der Theologe, Pädagoge und Heimatforscher Georg Karl Friedrich Emmrich (1773-1837) im 19. Jahrhundert Herzog Bernhards „*Hang zur Alchymie*".[3] Im 20. Jahrhundert wies zuerst 1967 Gottfried Böhme (geb. 1934) auf die intensive Beschäftigung der ersten beiden Herzöge von Sachsen-Meiningen mit der Alchemie hin.[4] 2019 hat der bekannte Alchemiehistoriker Claus Priesner (geb. 1947)

1 Landesarchiv Thüringen – Staatsarchiv Meiningen, 4-11-2020 Geheimes Archiv Meiningen, 1657, 1660, 1763-1766, 3616, 3617, 3626, 3691-3693, sowie weitere verstreute Materialien.

2 Landesarchiv Thüringen – Staatsarchiv Gotha, 2-13-0021 Geheimes Archiv Gotha, 5165-5167.

3 Georg Emmrich: Bernhard der Erste, in: Archiv für die Herzogl. Sachsen Meiningischen Lande 1 (1832), S. 1-30, hier S. 18-25

4 Gottfried Böhme: Geschichte der naturwissenschaftlichen Sammlungen in Meiningen, In: Zwei Jahrhunderte Naturwissenschaftliche Sammlungen in Meiningen, Meiningen 1967, S. 8-10.

eine der entsprechenden Archivalien,[5] die auf Herzog Bernhard I. zurückgeht, im Detail analysiert und mehrere der dort enthaltenen Prozessvorschriften und Briefabschriften diskutiert.[6]

5 Die Archivaliensignatur wurde von Priesner nicht angegeben. Es handelt es sich um: Landesarchiv Thüringen – Staatsarchiv Meiningen 4-11-2020, 3692, alte Signatur: Geheimes Archiv Meiningen XV B 24. In dieser Akte befinden sich ausschließlich Abschriften von Archivalien Ernst Ludwig I., die sein Vater Bernhard I. mit eigener Hand vorgenommen hat.

6 Claus Priesner: Der Alchemist von Meiningen. Herzog Bernhard I. (1649–1706) auf der Suche nach dem „Stein der Weisen", Sudhoffs Archiv 103 (2019), S. 55–80.

2. Die territoriale Entwicklung von Sachsen-Meiningen zwischen 1680 und 1724

Das neue Herzogtum Sachsen-Meiningen entstand ab 1680 vor allem aus Landschaften, die vormals zu der traditionsreichen Grafschaft Henneberg gehört hatten. Abbildung 1 zeigt das Wappen der fränkischen Grafschaft Henneberg mit der charakteristischen schwarzen Henne. Die an der Werra gelegene spätere Residenzstadt Meiningen lag zwar als Enklave mitten im hennebergischen Gebiet, gehörte allerdings seit 1008 für 534 Jahre zum Hochstift Würzburg. Erst 1542 wurde Meiningen durch einen Ämtertausch hennebergisch. Nachdem die Grafenfamilie von Henneberg 1583 ausgestorben war, ging der größte Teil der Grafschaft in den gemeinsamen Besitz der Wettiner, sowie albertinischer als auch ernestinischer Line über. Die gemeinsame Verwaltung dieses bis 1660 weiter existierenden Territoriums erfolgte nun von Meiningen aus. Bei der danach erfolgten Aufteilung des hennebergischen Territoriums kam Meiningen mit einem großen Teil des Henneberger Landes zum ernestinischen Sachsen-Gotha(-Altenburg), das von Herzog Ernst I., auch Ernst der Fromme von Sachsen-Gotha-Altenburg (1601–1675, Herzog seit 1640), regiert wurde. Sein in Abbildung 2 dargestelltes Denkmal steht noch heute vor dem gewaltigen Schloss Friedenstein in Gotha.

Der erste Herzog von Sachsen-Meiningen, Bernhard I., war der dritte der sieben ihren Vater überlebenden Söhne dieses Gothaer Herzogs. Nach dem Tod ihres Vaters teilten diese sieben Söhne das Herzogtum unter sich auf. Es entstanden die Herzogtümer Sachsen-Gotha-Altenburg (Friedrich I.), Sachsen-Coburg (Albrecht), Sachsen-Meiningen (Bernhard I.), Sachsen-Römhild (Heinrich), Sachsen-Eisenberg (Christian), Sachsen-Hildburghausen (Ernst) und Sachsen-Saalfeld (Johann Ernst). Bernhard erhielt also ab 1680 das neugeschaffene Herzogtum Sachsen-Meiningen als Herrschaftsgebiet. Es bestand zum größten Teil aus Territorien, die vormals zur fränkischen

Abbildung 1: Wappen der Grafen von Henneberg-Schleusingen am Eingang zur JVA Untermaßfeld: Im ersten und vierten Feld das Wappen der Burggrafschaft Würzburg, die bis 1354 den Grafen von Henneberg unterstand, im zweiten und dritten Feld die schwarze Henne der Grafen von Henneberg.
Foto: Alexander Kraft, 2021

Abbildung 2: Denkmal Herzog Ernst des Frommen von Sachsen-Gotha-Altenburg vor Schloss Friedenstein in Gotha. Er war der Vater des ersten Herzogs von Sachsen-Meiningen.
Foto: Alexander Kraft, 2021

Wettiner, Albertiner und Ernestiner

- **Wettiner:** Familie des deutschen Hochadels benannt nach der Stammburg Wettin bei Halle (Saale) in Sachsen-Anhalt
- seit 1089 Markgrafen von Meißen (Heinrich der Ältere)
- seit 1247 Landgrafen von Thüringen (Heinrich der Erlauchte)
- seit 1423 Kurfürsten von Sachsen (Friedrich der Streitbare), damit wurden große Teile der heutigen Bundesländer Sachsen und Thüringen sowie des südlichen Sachsen-Anhalts und auch einige Teile Brandenburgs von den Wettinern beherrscht
- 1485 Leipziger Teilung zwischen Ernst und Albert in das Kurfürstentum Sachsen **(Ernestiner)** und das Herzogtum Sachsen (**Albertiner**)
- nach der Schlacht bei Mühlberg 1546 kam es zur Wittenberger Kapitulation: die Ernestiner verloren große Teile ihres Herrschaftsgebietes und die Kurwürde an die Albertiner
- den Ernestinern blieben nur Landesteile in Thüringen, die dann durch zahlreiche Erbteilungen in kleine Herrschaften zersplittert wurden, die Albertiner (Kurfürstentum Sachsen) konnten diese Zersplitterung vermeiden und gehörten bis 1806 zu den mächtigsten deutschen Fürsten (z. B. August der Starke) und waren zeitweise auch Könige von Polen

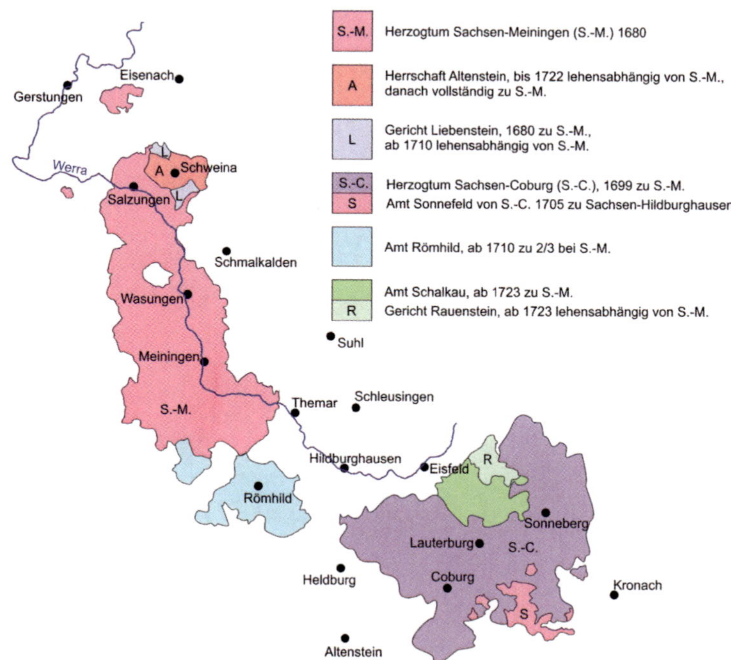

Abbildung 3: Übersichtskarte über die territoriale Entwicklung des Herzogtums Sachsen-Meiningen zwischen 1680 und 1724. Erstellt vom Autor auf Basis der Faltkarten 2 und 3 aus: Hans Patze, Walter Schlesinger (Hrsg.): Geschichte Thüringens, 5. Band: Politische Geschichte in der Neuzeit, 1. Teil, 2. Teilband, Köln 1984.

Grafschaft Henneberg gehört hatten und damit damals nicht zu Thüringen und auch nicht wie dieses zum Obersächsischen, sondern zum Fränkischen Reichskreis gehörten. In Abbildung 3 ist die territoriale Entwicklung des Herzogtums Sachsen-Meiningen unter den beiden ersten Herzögen in der Zeit von 1680 bis 1724 dargestellt.

1680 hatte Bernhard für sein neugeschaffenes Herzogtum die Ämter Allendorf, Frauenbreitungen, Maßfeld, Meiningen, Salzungen, Sand und Wasungen, das Gericht Liebenstein sowie die Lehenshoheit über das Gericht Altenstein erhalten. Wichtigste Städte in seinem

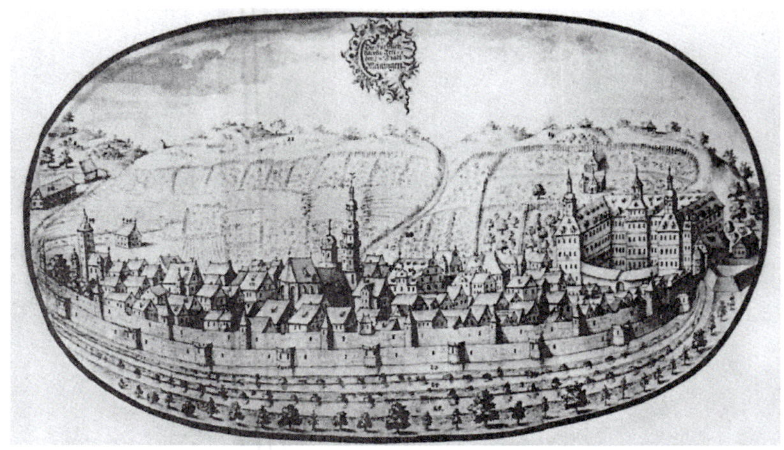

Abbildung 4: Stadtansicht Meiningens aus dem Jahr 1700 aus der Handschrift „*Ehre der gefürsteten Grafschaft Henneberg*“ von Christian Juncker (1668-1714). Quelle: Reproduktion vom VEB Bild und Heimat Reichenbach (1971) im Archiv des Autors.

Abbildung 5: Die drei Wappen am neugotischen Nordgiebel der Sakristei der Stadtkirche Meiningen stehen für das Hochstift Würzburg (links), die Grafschaft Henneberg (rechts) und das Herzogtum Sachsen der Ernestiner (Mitte). Foto: Alexander Kraft, 2023.

Herrschaftsgebiet waren die Residenzstadt Meiningen sowie Salzungen und Wasungen. Nur die im Norden des neuen Herzogtums gelegenen Ämter Allendorf und Salzungen sowie die Gerichte Altenstein und Liebenstein gehörten nicht zum alten hennebergischen Gebiet, sondern zum traditionellen Herrschaftsbereich der Ernestiner in Thüringen. Andererseits waren bei der Aufteilung der alten Grafschaft Henneberg 1660 die Ämter Kühndorf, Schleusingen und Suhl an Kursachsen, beziehungsweise vorerst an die kursächsische Sekundogenitur Sachsen-Zeitz (bis 1718) gefallen, während die Ämter Ilmenau, Kaltennordheim und Dermbach/Fischberg Sachsen-Weimar zugeschlagen worden waren. Die beiden hennebergischen Ämter Hallenberg und Schmalkalden waren schon seit 1583 als Herrschaft Schmalkalden Bestandteil der Landgrafschaft Hessen-Kassel.

Die Residenzstadt Meiningen hatte im Dreißigjährigen Krieg (1618-1648) stark gelitten, wobei zwischen 1631 und 1644 die Besatzungsmacht ganze sechzehn Mal wechselte. Vor dem Ausbruch des Krieges hatte die Stadt etwa 4.000 Einwohner, nach seinem Ende nur noch rund 1.500. Die Anzahl der Bewohner stieg dann zwar wieder an, die alte Einwohnerzahl wurde aber erst Mitte der 18. Jahrhunderts wieder erreicht,[7] also nach dem Zeitraum, den wir in dieser Studie betrachten.

Abbildung 4 zeigt eine Stadtansicht Meiningens aus dem Jahr 1700. Man erkennt als markanteste Gebäude rechts die neue Elisabethenburg und zentral die Stadtkirche. Beide sahen damals anders aus als heute. Meiningen war von einer wehrhaften Befestigungsanlage umgeben, die aus zwei Mauerringen und drei Wassergräben bestand, den beiden Mühlwassergräben und dem äußeren Stadtwassergraben. Zwischen den beiden Mauern befand sich der Zwinger. Auf der Abbildung ist die Werra, die hinter der Stadt im Tal liegt, nicht zu erkennen. Die im Hintergrund zu sehenden Hänge am anderen Ufer der Werra sind heute dicht bewaldet.

7 Detlev Pleiss: Bevölkerungsschwund und Wiederbevölkerung der Stadt Meiningen 1630-1730, Jahrbuch des Hennebergisch-Fränkischen Geschichtsvereins 36 (2021) 113-116.

Die in Abbildung 5 dargestellten drei, an der Stadtkirche Meiningen angebrachten Wappen symbolisieren noch heute die drei historischen deutschen Teilstaaten, zu denen Meiningen einst gehörte: das Hochstift Würzburg (links), die Grafschaft Henneberg (rechts) und das Herzogtum Sachsen der Ernestiner (Mitte).

Nach dem 1699 erfolgten Tod seines kinderlosen älteren Bruders Albrecht (1648-1699), der seit 1680 Herzog von Sachsen-Coburg gewesen war, gelang es Bernhard zunächst, auch dessen Gebiet unter seine Kontrolle zu bringen. Bernhard und sein Sohn Ernst Ludwig nannten sich daher zeitweilig Herzog von Sachsen-Coburg-Meiningen, und neben Meiningen war dann auch das größere und bedeutendere Coburg Residenzstadt. Die Inbesitznahme Coburgs wurde aber von den anderen ernestinischen Herzogtümern nicht anerkannt und nach längeren juristischen Auseinandersetzungen mussten die Meininger Herzöge Coburg 1735 schließlich endgültig räumen und erhielten zum Ausgleich nur die coburgischen Ämter Sonneberg und Neuhaus. Zu dieser Zeit regierte dann aber schon der vierte Herzog von Sachsen-Meiningen, Karl Friedrich (1712-1743, Herzog seit 1729). Bereits 1705 war das coburgische Amt Sonnefeld für die Meininger Herzöge wieder verloren gegangen und an Sachsen-Hildburghausen gefallen.

Ein weiterer Gebietszuwachs von Sachsen-Meiningen erfolgte, nachdem 1710 ein weiterer kinderloser Bruder von Bernhard, der Herzog von Sachsen-Römhild, Heinrich (1650-1710, Herzog seit 1680), verstorben war. Nach einigen Wirrungen wurde Sachsen-Römhild 1714 unter mehreren ernestinischen Herzogtümern aufgeteilt, wobei Sachsen-Meiningen zwei Drittel des Amtes Römhild erhielt.[8] Die von Sachsen-Meiningen lehensabhängige Herrschaft Altenstein, im Norden des Herzogtums gelegen, fiel 1722 nach dem Aussterben der Herren Hund von Wenkheim[9] vollständig an Sachsen-Meiningen. 1723/24 wurde das Amt Schalkau von Sachsen-Hildburghausen käuf-

8 Das Amt Römhild wurde nicht aufgeteilt, sondern stand unter gemeinschaftlicher Verwaltung von Sachsen-Meiningen (2/3) und Sachsen-Saalfeld (1/3).

9 Am 10. Juli 1722 war Eberhard Friedrich Hund von Wenkheim (1647-1722) verstorben.

lich erworben, wobei dort einige Hoheitsrechte im Gericht Rauenstein mit den Herren von Schaumberg geteilt werden mussten.

1710 verkaufte Herzog Ernst Ludwig das Gericht Liebenstein als Erblehen an seinen Hof- und Kammerrat Friedrich Albert von Fischern (1682-1769), der erst 1708 in den Adelstand erhoben worden war. Das weiterhin von den Meininger Herzögen lehensabhängige Gericht Liebenstein blieb bis 1800 im Besitz der Familie von Fischern.

Alchemie:

4 alchemische Elemente
3 Prinzipien
7 Metalle

Alles, was existiert, setzt sich aus 4 Elementen und 3 Prinzipien zusammen. Man kann Stoffe in diese Elemente und Prinzipien auftrennen und wieder neu zusammensetzen. Es gibt 7 Metalle, die den 7 Planeten entsprechen.

Die Metalle unterscheiden sich durch die in ihnen enthaltenen Anteile der 4 Elemente und 3 Prinzipien.

4 Elemente:	3 Prinzipien:	7 Metalle:
Erde 🜃	Quecksilber ☿	Gold / Sonne ☉
Wasser 🜄	Schwefel 🜍	Silber / Mond ☽
Feuer 🜂	Salz 🜔	Eisen / Mars ♂
Luft 🜁		Kupfer / Venus ♀
		Zinn / Jupiter ♃
		Blei / Saturn ♄
		Quecksilber / Merkur ☿

3. Zur Entwicklung der Alchemie bis zum Ende des 17. Jahrhunderts[10]

Die abendländische oder westliche Alchemie entstand in der Antike im hellenistisch-römischen Ägypten, wo die alte ägyptische Hochkultur mit der griechischen und später auch der römischen Kultur zu einer neuen Melange verschmolzen war. Sowohl aus den Trümmern des in der Völkerwanderung untergegangenen Weströmischen Reiches, als auch durch Kontakte mit der arabischen Hochkultur und mit dem griechisch geprägten Oströmischen oder sogenannten Byzantinischen Reich gelangte die Alchemie im Mittelalter nach West- und Mitteleuropa.

Nachdem anfangs vor allem antike und arabische Alchemisten rezipiert wurden, begann mit Persönlichkeiten wie Michael Scotus oder Paul von Tarent (Pseudo-Geber) im 13. Jahrhundert auch eine eigenständige Alchemieentwicklung im lateinischen Europa. Im Spätmittelalter breiteten sich alchemische Vorstellungen und Praktiken vor allem über die zahlreichen Mönchsorden in Europa aus. In den Schreibstuben der Klöster entstanden unzählige alchemische Manuskripte, während in den Klosterküchen fleißig experimentiert wurde.

Einen neuen Schub erhielt die europäische Alchemie noch einmal, als nach dem Fall Konstantinopels an die osmanischen Türken im Jahr 1453 zahlreiche griechische Gelehrte auf der Flucht vor dem Islam ins lateinische Europa strömten und ihre Kenntnisse und in Europa bisher unbekannt gebliebene Manuskripte zugänglich machten. Die dadurch ausgelöste europäische Renaissance markiert den Übergang vom Spätmittelalter in die Frühe Neuzeit. In dieser Zeit wirkende Persönlichkeiten wie Johann Faust (ca. 1480-ca. 1535), Agrippa

10 Für weiterführende Informationen siehe z. B.: Claus Priesner: Geschichte der Alchemie, München 2011; Lawrence M. Principe: The Secrets of Alchemy, Chicago 2013.

von Nettesheim (1486-1535) oder Paracelsus (ca. 1493-1541) sind noch heute als Magier, Naturphilosophen, Ärzte oder Quacksalber, aber eben auch als Alchemisten weithin bekannt.

Auch in der alten Grafschaft Henneberg gab es eine bemerkenswerte Klosteralchemie. Zu nennen ist hier insbesondere Erasmus Kupfermann, der von 1504 bis 1533 Abt des Benediktinerklosters in Herrenbreitungen bei Schmalkalden war. Er wirkte dort in der ersten Hälfte des 16. Jahrhunderts auch als Alchemist und betrieb im Kloster ein alchemisches Labor zusammen mit einem Laboranten namens Bartold Pfaff aus Geisa. Kupfermann hatte eine umfangreiche Bibliothek alchemischer Bücher zusammengetragen. Das am östlichen Ufer der Werra gelegene Herrenbreitungen, das Kloster wurde 1552 aufgelöst, kam nach dem Aussterben der Henneberger 1583 zur Herrschaft Schmalkalden der Landgrafschaft Hessen-Kassel, während das am westlichen Werraufer liegende Frauenbreitungen zu Sachsen-Meiningen kam. Handschriftliche alchemische Rezepte von Erasmus Kupfermann und seinem aus Erfurt stammenden Vater Konrad befinden sich daher heute in der Landes- und Universitätsbibliothek Kassel.[11]

In der Frühen Neuzeit erreichte die europäische Alchemie ihren Höhepunkt, der ihrem schlussendlichen Niedergang Mitte des 18. Jahrhunderts vorausging. Die Alchemie, sei es die transmutatorische, goldmachende Alchemie oder sei es die iatrochemische, medizinische Alchemie wurden weithin praktiziert, von jung und alt, von arm und reich, vom Hochadel über das Bürgertum bis zur Unterschicht. Diese unzähligen, ihr Ziel natürlich nie erreichenden Versuche führten zu einem enormen Wissenszuwachs hinsichtlich chemischer Substanzen und ihrer Reaktionen und auch bezüglich der eingesetzten Reaktionstechniken und -gerätschaften. Das war eine entscheidende Grundlage für die Entwicklung der wissenschaftlichen Chemie in Europa und eben auch für den Untergang der Alchemie.

Ein wichtiger theoretischer Hintergrund der europäischen Alchemie war über lange Zeit die Annahme, dass die vier aristotelischen Elemente Wasser, Feuer, Erde und Luft die Basis aller Substanzen seien.

11 Universitätsbibliothek Kassel, z. B. 2° Ms chem. 13.

Außerdem nahm man an, das die Eigenschaften dieser Substanzen durch die drei paracelsischen Prinzipien Quecksilber, Schwefel und Salz bestimmt werden. Durch die unterschiedlichen Anteile dieser Elemente und Prinzipien ließen sich die unterschiedlichen Eigenschaften von Substanzen erklären. Man könne die Substanzen in ihre Elemente und Prinzipien auftrennen, und dann in anderem Mengenverhältnis wieder zusammensetzen. Das war eine Grundlage dafür, dass man annahm, Umwandlungen von einem Metall in ein anderes, also Transmutationen, seien möglich.

Da eine saubere Auftrennung in die vier Elemente und drei Prinzipien als schwierig galt, gab es auch Ideen, zum Beispiel das Prinzip Schwefel aus besonders hoch schwefelhaltigen Substanzen auszuziehen und in andere Substanzen einzuführen, zum Beispiel in Silber, um sie zu transmutieren, also im Fall des Silbers zum Gold. Als Substanzen mit einem hohen Anteil des Prinzips Schwefel galten Schwefel selbst und viele gelb oder rot gefärbte Minerale. Die Weimarer Alchemistin Dorothea Juliana Wallich nannte zum Beispiel „*roter Talk, Granate, [Gold] Kies, güldische Marcasiten, gelber Vitriol-Kies, [Antimon], Minera [Martis] Solaris Hassiaca, so außen rund und inwendig spießig ist, Blut-Stein, Eisen und Kupfer, auch die gemeinen Vitriola, wenn sie aus guten Kiesen gesotten. Diese alle erfordern absonderliche Arbeiten, da immer in einen der [Schwefel] fester verbunden als in anderen*“.[12] Das waren dann sogenannte Partikularrezepte. Nach Wallich seien sie aber „*nur kleine Zweiglein, welche bei weitem nicht so hoch tingieren als das große Werk*“. Das große Werk, Opus Magnum, sollte zum Stein der Weisen, Lapis Philosophorum, oder zur Universaltinktur führen. Damit könne man letztlich alles und jedes in Gold transmutieren oder zu einem Elixir, einer Universalarznei, überführen.

Eine umfassende, aber nicht erschöpfende Übersicht über übliche alchemische Rezepturen zur Zeit der Gründung des Herzogtums Sachsen-Meiningen gibt Johann Joachim Bechers *Chymischer*

12 Dorothea Juliana Wallich: Das Mineralische Gluten, Doppelter Schlangenstab, Mercurius Philosophorum, Langer und kurtzer Weg Zur Universal-Tinctur, Leipzig 1705, S. 98.

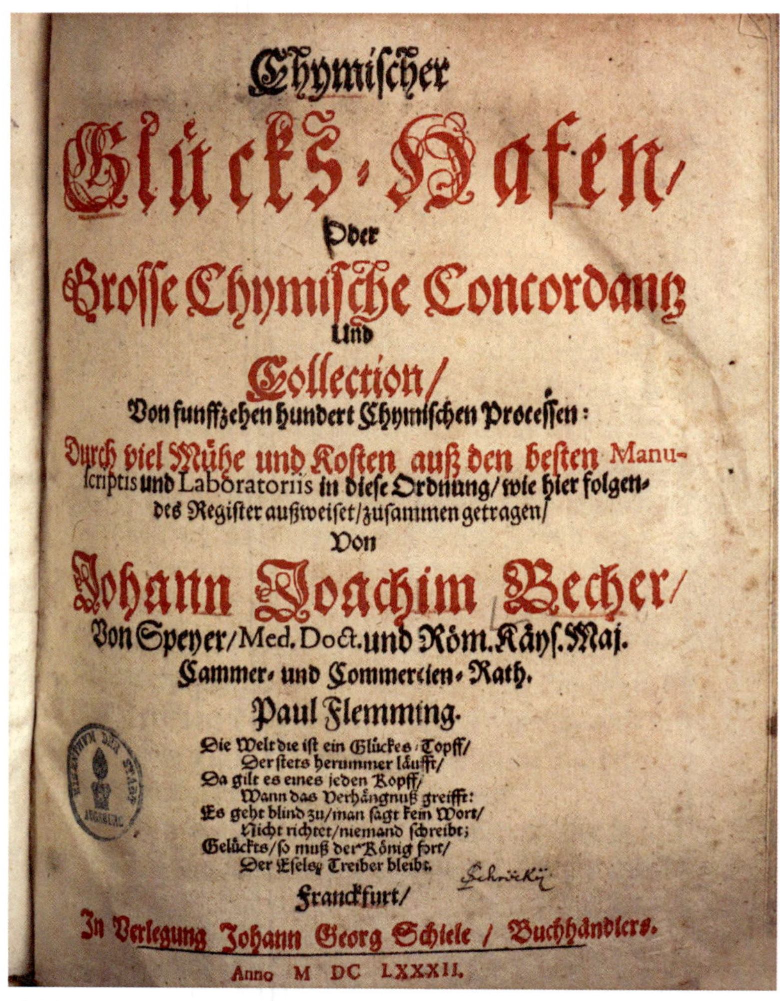

Chymischer
Glücks-Hafen/
Oder
Grosse Chymische Concordantz
Und
Collection/
Von funffzehen hundert Chymischen Processen:
Durch viel Mühe und Kosten auß den besten Manuscriptis und Laboratoriis in diese Ordnung/ wie hier folgendes Register außweiset/ zusammen getragen/
Von
Johann Joachim Becher/
Von Speyer/ Med. Doct. und Röm. Käys. Maj.
Cammer- und Commercien-Rath.

Paul Flemming.
Die Welt die ist ein Glückes-Topff/
Der stets herummer läufft/
Da gilt es eines jeden Kopff/
Wann das Verhängnuß greifft:
Es geht blind zu/ man sagt kein Wort/
Nicht richtet/ niemand schreibt;
Gelückts/ so muß der König fort/
Der Esels-Treiber bleibt.

Franckfurt/
In Verlegung Johann Georg Schiele / Buchhändlers.
Anno M DC LXXXII.

Abbildung 6: Titelblatt von Johann Joachim Bechers *Chymischen Glücks-Hafen* von 1682.
Quelle: Staats- und Stadtbibliothek Augsburg

Glückshafen von 1682.[13] Das Titelblatt zeigt Abbildung 6. Der umtriebige Projektemacher, Gelehrte, Ökonom und Alchemist Johann Joachim Becher (1635-1682) hatte in diesem Alterswerk etwa 1.500 von ihm im Laufe seines Lebens gesammelte alchemische Rezepturen in 20 Kategorien gegliedert und veröffentlicht. Ein riesiger, bis heute nicht erschlossener Fundus! Wir werden sehen, dass so manche im Herzogtum Sachsen-Meiningen bearbeitete und als Geheimnis behandelte und gehandelte Prozessvorschrift so oder so ähnlich bereits im *Chymischen Glückshafen* zu finden ist, in dem übrigens auch Erasmus Kupfermann als „*Abbas zu Brettlingen*" im Zusammenhang mit zwei alchemischen Rezepturen auftaucht.

Es ist vielleicht noch wichtig hinzuzufügen, dass viele, wenn auch bei weitem nicht alle alchemischen Prozessvorschriften in eine sogenannte Vorarbeit und die darauffolgende Nacharbeit eingeteilt werden konnten. In der Vorarbeit wurden die entsprechenden Ausgangsstoffe gemäß Vorschrift gereinigt und auf sonstige Weise mehr oder wenig aufwendig chemisch bearbeitet. Das konnten ganz unterschiedliche Vorgehensweisen sein. Demgegenüber wurde die Nacharbeit in den Prozessvorschriften oft ganz ähnlich beschrieben, auch wenn man bei der Vorarbeit ganz verschieden vorgegangen war. Bei der Nacharbeit wurde eine aus der Vorarbeit stammende Mischung in einer, meist hermetisch verschlossenen Phiole in einen dafür geeigneten Ofen eingesetzt und einem spezifischen Temperaturprogramm unterworfen. Dabei startete man mit tieferen Temperaturen und erhöhte diese schrittweise immer mehr. Die einzelnen Temperaturstufen waren oft für längere Zeit, zum Beispiel 40 oder 50 Tage (und Nächte), konstant zu halten, bis man zur nächsthöheren Temperatur überging. Allerdings war damals eine Temperaturmessung noch nicht möglich und man erhitzte zum Beispiel durch Einlegen der Phiole in frischen Pferdedung für eine noch recht niedrige Temperatur, im Wasserdampf für eine etwas höhere und später in einem Asche- oder Sandbad im Ofen für noch höhere Temperaturen. Die höchsten Temperaturen erreichte

13 Johann Joachim Becher: Chymischer Glücks-Hafen, Oder Grosse Chymische Concordantz Und Collection, Von funffzehen hundert Chymischen Processen, Frankfurt am Main 1682.

man im Reveberierfeuer, wobei die Phiole direkt den Flammen ausgesetzt wurde, die von allen Seiten auf das Experimentiergefäß einwirkten. Wenn diese Phiole eiförmiger Gestalt war, sprach man auch von einem philosophischen Ei, welches in dem Ofen quasi ausgebrütet wurde. Manchmal wurde die Phiole auch in ein verschließbares eiförmiges Glasgefäß gestellt und dieses philosophische Ei konnte dann im Ofen plaziert werden.

Auch die Alchemistin Dorothea Juliana Wallich aus Weimar, auf die wir weiter unten noch im Detail eingehen werden, beschrieb in ihrem Buch „*Das Mineralische Gluten*", eine „*Vor-Arbeit*", die aus „*Scheidung und Reinigung*" besteht und eine darauffolgende „*Nach-Arbeit*", die sie die „*Composition*" nannte.[14]

Die Nacharbeit wird von den Alchemisten oft auch als Opus Magnum, als Großes Werk, bezeichnet. In vielen derartigen Vorschriften wird beschrieben, dass die Mischung in der Phiole beim Durchlaufen durch die einzelnen Temperaturstufen unterschiedliche Farben annehmen würde, zum Beispiel in der Reihenfolge 1.) schwarz (Nigredo), 2.) weiß (Albedo), 3.) gelb (Citrinato) und schließlich 4.) rot (Rubedo). Die rote Farbe soll dann anzeigen, dass man den Stein der Weisen oder die Universaltinktur erhalten hat. Es können in solchen Rezepten auch viel mehr als diese vier Stufen vorkommen, insbesondere wurde gerne und oft eine Stufe mit der Bezeichnung Pfauenschwanz (Cauda Pavonis) beschrieben, bei der mehrere Farben gleichzeitig oder kurz hintereinander zu sehen sein sollten.

Doch damit nicht genug. Es wurde oft angenommen, dass die im Opus Magnum beim Durchlaufen des langen Temperaturprogrammes erhaltene Tinktur beziehungsweise der Stein der Weisen, noch eine recht geringe Wirksamkeit habe. Zum Beispiel könne er nur Substanzen mit gleichem Gewicht in Gold verwandeln, also ein Pfund Tinktur kann nur ein Pfund eines unedlen Metalls zu Gold machen. Um seine Wirksamkeit zu erhöhen, müsse der Stein der Weisen oder die Tinktur multipliziert werden. Durch eine Multiplikation würde seine Wirkung verzehnfacht werden, also jetzt könnte

14 Wallich: Das Mineralische Gluten, S. 94.

ein Pfund Tinktur zehn Pfund eines Metalls in Gold umwandeln. Da mehrere Multiplikationen möglich sein sollten, kann dann letztendlich eine kleine Menge Tinktur große Mengen Gold erzeugen. So die Vorstellung der Alchemisten. Die Multiplikation wurde in der Regel so beschrieben, dass man die im Opus Magnum erhaltene Tinktur erneut mit Produkten der Vorarbeit vermischt in eine Phiole gibt und wiederum dasselbe Temperaturprogramm durchlaufen lässt, nur dass die Zeitabschnitte für jede Temperatur in jeder Multiplikation immer kürzer werden. Mit der so, nach langer mühevoller Laborarbeit erhaltenen multiplizierten Tinktur oder dem Stein der Weisen erfolgte dann die sogenannte Projektion, die Umwandlung der unedlen Metalle in Gold in einem vergleichsweise kurzen und wenig aufwendigen Schritt.

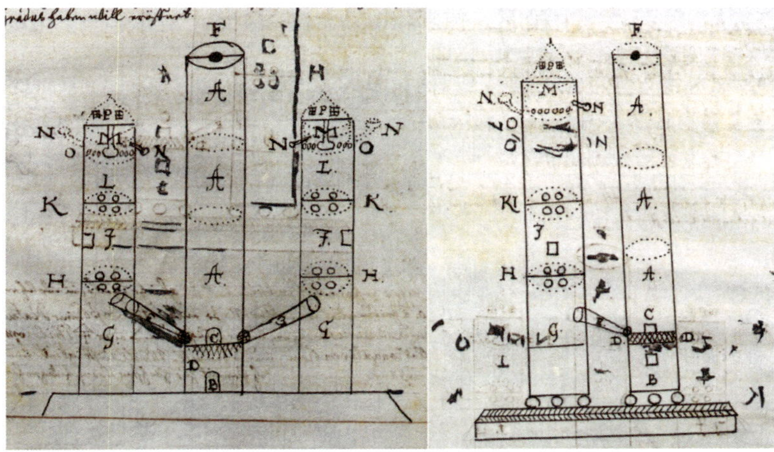

Abbildung 7: Skizze eines Athanors aus dem Besitz Herzog Bernhards mit Vorderansicht (links) und Seitenansicht (rechts): In der Mitte der Vorderansicht eine Kohlenröhre A mit dem Rost C und dem Aschenloch B, links und rechts von der Röhre jeweils ein Athanor mit verschiedenen Möglichkeiten der Regulierung der Wärmezufuhr H, I, K, oben ist im Athanor jeweils die Capelle mit der Phiole M und mit der Möglichkeit, Wasser hinzuzugeben oder abzulassen N. Quelle: Landesarchiv Thüringen – Staatsarchiv Meiningen

Wir werden sehen, dass auch die beiden ersten Herzöge von Sachsen-Meiningen oft Vorschriften nacharbeiteten, die aus Vor- und Nacharbeit bestanden und mit einer oder mehreren Multiplikationen abgeschlossen werden sollten. Wichtig für die lange Nacharbeit war ein entsprechend geeigneter Ofen, mit dem man lange Zeit ohne großen Aufwand in etwa gleichbleibende Temperaturen halten konnte. Dafür wurden spezielle Konstruktionen ersonnen, bei denen zum Beispiel das Brennmaterial aus einem Vorratsgefäß automatisch in die Brennkammer nachrutschen konnte. Einen solchen Ofen bezeichnete man auch als Fauler Heinz oder Athanor. Trotzdem blieben solche langen Temperierversuche sehr arbeitsaufwendig, benötigten viel Brennmaterial und waren damit sehr teuer. Abbildung 7 zeigt die Skizze eines Athanors, welche zusammen mit einer detaillierten Beschreibung der Vorrichtung in den Unterlagen Herzog Bernhards gefunden wurde.

4. Die alchemischen Aktivitäten der ersten beiden Herzöge von Sachsen-Meiningen

4.1. Herzog Bernhard I. als Alchemist

Der Landeshistoriker und Archivar Ulrich Heß (1921-1984) urteilte über den in Abbildung 8 dargestellten Bernhard, den Begründer des neuen Herzogtums, wie folgt: „*Es unterliegt keinem Zweifel, dass Bernhard I. keine Herrscherpersönlichkeit von Rang war. Deutlich wird diese Feststellung vor allem durch seine Unfähigkeit, geeignete Männer an den richtigen Platz zu stellen. In der Wahl der hohen Beamten hat er ... einen Missgriff nach dem anderen vorgenommen. Es mangelte ihm an klarer Einsicht in die Möglichkeiten seines Landes und an der für einen kleinen Landesfürsten so bitter notwendigen Selbstbeschränkung. ... Tatsächlich ist er nur ein sehr mäßiger Kleinfürst gewesen, der mit vielen fürstlichen Untugenden seiner Zeit behaftet gewesen ist.*“[15] Zur mangelnden Selbstbeschränkung gehörte sicher der schon 1682 begonnene Bau eines neuen Schlosses namens Elisabethenburg[16] in Meiningen, da Bernhard die vorhandenen Räumlichkeiten des noch aus der Würzburger Zeit stammenden Vorgängerbaus bei weitem nicht genügten. Die Hauptbauzeit dauerte von März 1682 bis zur Weihe der Schlosskirche im November 1692.[17]

In der bisher recht übersichtlichen Literatur zur Alchemie in Sachsen-Meiningen wird Herzog Bernhard, sowohl von Emmrich als

15 Ulrich Heß: Forschungen zur Verfassungs- und Verwaltungsgeschichte des Herzogtums Sachsen-Coburg-Meiningen 1680 – 1829, Band I Grundlagen, 1954, S. 22-23 (https://www.db-thueringen.de/servlets/MCRFileNodeServlet/dbt_derivate_00021212/hess_band_i.pdf, letzter Zugriff: 13.06.2023)

16 Die Elisabethenburg wurde nach Bernhards zweiter Ehefrau Elisabeth Eleonore (1658-1729) aus dem Haus Braunschweig-Wolfenbüttel benannt.

17 Ingrid Reißland: Das Meininger Schloss Elisabethenburg. Baugeschichte und bedeutende Innenräume, Meiningen 1988.

Abbildung 8: Porträt des Herzogs Bernhard I. von Sachsen-Meiningen (1649-1706). Quelle: Porträtsammlung der Österreichischen Nationalbibliothek

auch von Priesner, als der wichtigere Alchemist genannt, sein Sohn wird in dieser Hinsicht, wenn überhaupt, nur am Rande erwähnt. Nur für Böhme sind beide, Bernhard und Ernst Ludwig, als Alchemisten gleichwertig tätig. Ein sorgfältiges Aktenstudium zeichnet aber ein ganz anderes Bild: So gibt für die Zeit von der Gründung des neuen Herzogtums 1680 bis zur Volljährigkeit des 1672 geborenen Erbprinzen Ernst Ludwig im Jahr 1693 keinerlei Hinweise auf alchemische Tätigkeiten Herzog Bernhards. Er korrespondierte zu diesem Thema[18] auch nicht mit seinem ältesten Bruder Herzog Friedrich I. von Sachsen-Gotha-Altenburg (1646-1691, Herzog seit 1675), der ein leidenschaftlicher Alchemist war.[19]

Allerdings hatte Gottfried Böhme in seinem Aufsatz angegeben, dass Herzog Bernhard schon in der ersten Bauphase seines neuen Schlosses Elisabethenburg in Meiningen relativ kurz nach 1682 nach der Schlosskapelle als zweites ein Laboratorium habe errichten lassen. Böhme bezog sich dabei auf eine Bauzeichnung des Kellerbereiches des Südflügels des Schlosses.[20] Diese Bauzeichnung zeigt allerdings nicht, wie von Böhme angenommen, das Laboratorium, sondern westlich anschließend an die unterhalb der Kirche befindliche Fürstengruft ganz eindeutig die *„Müntze"*, zu der unter anderem auch ein *„Glüofen"*, eine *„Feilkammer"* und ein *„Cammien zum Schmältz Diegel"* gehörten. Ein Laboratorium taucht in den Schlossbauunterlagen erst deutlich später auf.

Auch eine Archivalie aus dem Jahr 1688, die Schmelzversuche Herzog Bernhards aus der Zeit zwischen Dezember 1687 und März 1688 dokumentiert,[21] wird zwar unter den Alchemica aufbewahrt, gibt aber keinerlei Hinweise auf alchemische Bemühungen. Die eigenhändigen Aufzeichnungen von Herzog Bernhard zeigen vielmehr, dass er verschiedene Silber-Kupfer-Legierungen unter Verwendung von Silber verschiedener Herkunft, unter anderem auch von alten Münzen, herstellte und bewertete. Vermutlich ging es dabei um Münzprägun-

18 Landesarchiv Thüringen – Staatsarchiv Gotha, 2-13-0021, 5830.

19 Oliver Humberg: Der alchemistische Nachlaß Friedrich I., Elberfeld 2005.

20 Landesarchiv Thüringen – Staatsarchiv Meiningen, 4-11-2020, XVII B1, Bl. 103v.

21 Landesarchiv Thüringen – Staatsarchiv Meiningen, 4-11-2020, 1763, Bl-51r-57v.

gen. Versuche, das Silber in Gold zu transmutieren, sind daraus nicht erkennbar. Es kann natürlich gut sein, dass diese Schmelzversuche tatsächlich im Münzkeller des Schlosses stattfanden. Eine anlässlich der Einweihung des Schlosses 1692 in Meiningen geprägte Silbergedenkmünze ist in Abbildung 9 dargestellt. Auf der Vorderseite ist ein Porträt Herzog Bernhards, auf der Rückseite eine Ansicht des Schlosses abgebildet. Vermutlich wurde diese Münze im Münzkeller des Schlosses hergestellt.

Erst im Jahr 1693 kam es, auf Anregung seines Sohnes Ernst Ludwig, zu einem ersten Vertragsabschluss Herzog Bernhards mit einem auswärtigen Alchemisten. Dazu später mehr. Interessant ist in diesem Zusammenhang auch, dass im Staatsarchiv Meiningen sogar ein Büchlein aufbewahrt wird, in dem Bernhard Rezepte und Briefe, die meisten aus der alchemischen Sammlung seines Sohnes Ernst Ludwig, eigenhändig abgeschrieben hat.[22] Das ist die von Claus Priesner ausgewertete Archivalie mit dem Titel „*Eigenhändige alchymistische Rezepte des Herzogs Bernhard I. von S-Meiningen*".[23] Die meisten Originale dieser Rezept- und Briefabschriften findet man noch heute unter den im Staatsarchiv Gotha aufbewahrten Alchemica von Ernst Ludwig.

Daher sieht es so aus, als ob das Interesse Herzog Bernhards an der Alchemie von seinem ältesten Sohn geweckt wurde. Nachdem das aber einmal geschehen war, betrieb Bernhard in den letzten etwa 14 Jahren seines Lebens alchemische Forschung mit großem Einsatz an Zeit und Geld. Er legte sich eine Sammlung alchemischer Manuskripte zu, ließ ein Laboratorium bauen, stellte einen Hofalchemisten an und wurde auch selbst im Labor aktiv. Viele, möglicherweise auch alle diesbezüglichen Aktivitäten trieb er gemeinsam mit seinem ältesten Sohn Ernst Ludwig voran.

22 Landesarchiv Thüringen – Staatsarchiv Meiningen, 4-11-2020, 3692.

23 Priesner: Alchemist.

4.2. Herzog Bernhards Rezeptsammlungen

Das Thüringer Staatsarchiv Meiningen war bis Mitte 2023 im Nordflügel des Schlosses, dem sogenannten Bibrabau untergebracht. Dieser in Abbildung 10 dargestellte Teil des Schlosses gilt als dessen ältester Bauteil, der noch auf den Hauptbau der Burg aus der Würzburger Zeit zurückgeht. Der Name Bibrabau bezieht sich dabei auf Lorenz von Bibra (1459-1519), der von 1495 bis 1519 Fürstbischof von Würzburg war. In seiner Herrschaftszeit wurde der Vorgängerbau des Meininger Schlosses errichtet.

Im Thüringer Staatsarchiv Meiningen werden mehrere umfangreiche alchemische Rezeptsammlungen Herzog Bernhards aufbewahrt. Das betrifft sowohl Sammlungen transmutatorischer Rezepte, als auch Zusammenstellungen von iatrochemischen und anderen Rezepturen.

Zu Ersteren gehören insbesondere die umfangreichen Konvolute „*Chemisch-alchymistische Rezepte von Herzog Bernhard I.*“[24] und „*Collectanea curiosa Volumen II, Alchemie betr., Handbuch Herzog Bernhard I.*“[25] mit 662 beziehungsweise 538 Seiten Umfang. Beide enthalten eine Vielzahl von Prozessvorschriften. In letzterer Sammlung findet man einige aus den Jahren von etwa 1680 bis 1685 stammende seltene Rezepte von Johann Otto Hellwig (1654-1698), aber auch verschiedene bekannte und immer wieder abgeschriebene Rezepturen, wie die der Dresdener Alchemisten David Beuther und Sebald Schwärtzer aus dem 16. Jahrhundert.

Johann Otto Hellwig, auch Helbig o. ä. geschrieben, war als Arzt, Apotheker, Ostindien-Reisender und auch Alchemist eine der schillerndsten Persönlichkeiten Deutschlands in der zweiten Hälfte des 17. Jahrhunderts. 1654 im thüringischen Kölleda als Sohn eines protestantischen Pfarrers geboren, studierte er in Jena, Erfurt, Altdorf und Basel Medizin. Nach der entsprechenden 1675 erfolgten Promotion ging er im Dienst der niederländischen Ostindien-Kompanie (VOC)

24 Landesarchiv Thüringen – Staatsarchiv Meiningen, 4-11-2020, 1657.

25 Landesarchiv Thüringen – Staatsarchiv Meiningen, 4-11-2020, 3691.

Abbildung 9: Gedenkmünze zur Einweihung der Schlosskirche am 9. November 1692 mit dem Porträt von Herzog Bernhard und einer Ansicht des Schlosses Elisabethenburg.
Quelle: Münzkabinett, Staatliche Museen zu Berlin / Reinhard Saczewski

Abbildung 10: Im Bibrabau genannten Nordflügel des Schlosses Elisabethenburg in Meiningen befand sich bis 2023 u. a. das Staatsarchiv Meiningen, in dem zahlreiche Archivalien rund um die alchemischen Aktivitäten der beiden ersten Herzöge von Sachsen-Meiningen aufbewahrt werden.
Quelle: Wikimedia Commons / Tilmann 2007 / CC BY-SA 4.0

nach Batavia, dem heutigen Jakarta in Indonesien. Dort arbeitete Hellwig in der Apotheke des Andreas Cleyer (1634-ca. 1698). Er studierte mit großem Interesse die lokale Pflanzen- und Tierwelt. Nachdem er um 1680 wieder nach Europa zurückgekehrt war, war Hellwig, der unruhig von Ort zu Ort reiste und sich nirgendwo längere Zeit niederließ, vor allem alchemisch aktiv. Er starb 1698 in Bayreuth. Hellwigs Rezepte in Herzog Bernhards Rezepturbuch „*Collectanea curiosa Volumen II*" drehen sich um die Herstellung des „*Mercurius Philosophorum*", also des Philosophischen Quecksilbers. Das sind zum Teil recht abstruse Prozessvorschriften. Beispielsweise beschreibt ein Rezept zur Herstellung dieses „*Philosophischen Quecksilbers*" die Verwendung von Speichel, welcher 60 Tage in Pferdedung gefault ist.[26] Auch Hellwigs bisher rätselhaft gebliebene Materie „*Tessa*"[27] wird durch diese Archivalie als Bestandteil des Speichels (Saliva) aufgelöst. Die festen Bestandteile, die bei der Faulung des Speichels nach unten sinken, also quasi die Erde, lateinisch Terra, des Speichels war demnach für Hellwig die „*Tessa*".

Die Handschrift „*Alchymistische Arcana (Herzog Bernhard I.) 1693-1702*"[28] enthält neben einer Rezeptur des sogenannten „*Pulvis Sympatheticus*" und dem „*Gebeth eines Alchymisten täglich zu sprechen*" vor allem den umfangreichen Text „*Metamorphosis Theophrasti Paracelsi*".

Bei der Pulvis-Sympatheticus-Rezeptur handelt es sich um das weitverbreitete Standardrezept für ein Pulver zur Fernheilung (!) von Wunden. Das sympathetische Pulver besteht aus einer trockenen Mischung aus gleichen Teilen römischen oder zyprischen Vitriols (= Eisensulfat $FeSO_4$) und „*Gummi Tragacanth*" (= Traganth, ein Pflanzengummi). Die gleiche Rezeptur findet man zum Beispiel auch in Lexika des 18. Jahrhunderts.[29] Die Fernwirkung wurde in dem

26 Landesarchiv Thüringen – Staatsarchiv Meiningen, 4-11-2020, 3691, Bl. 2v

27 Zur Tessa vgl.: Martin Mulsow: Alchemische Substanzen als fremde Dinge, in: Birgit Neumann (Hsg.): Präsenz und Evidenz fremder Dinge im Europa des 18. Jahrhunderts, Göttingen 2015, S. 43-72.

28 Landesarchiv Thüringen – Staatsarchiv Meiningen, 4-11-2020, 1766.

29 Siehe zum Beispiel: Johann Hübner: Curieuses Natur-Kunst-Gewerk und Handlungs-Lexicon, Leipzig 1712, 1015-1016.

Meininger Rezept wie folgt beschrieben: Wenn jemand eine blutende Wunde habe, solle man ein sauberes Tuch nehmen *„und läßt das Blut darauf kommen“*. Dann soll man etwas vom Pulvis Sympatheticus auf das blutige Tuch streuen und das Tuch an einem nicht zu kalten und nicht zu warmen Ort verwahren. Dadurch würde die Wunde heilen, auch wenn der Verletzte sich an einem ganz anderen Ort befinden würde, als das mit seinem Blut und dem sympathetischen Pulver benetzte Tuch.

In dem Gebet bittet der Alchemist Gott, er solle ihm die *„ewige Weisheit ... recht laßen erkennen“*, damit er den *„unfehlbahren Proceß der hochedlen Kunst, das ist, der Weysen ihren Wunder Stein ... gewiß und ohne Irrung erlernen, und also das allerhöchste Werck ... fertig vollenden, und deßen in Ewigkeit mit Freud genießen“* möge. Dieses tägliche Gebet eines Alchemisten passt gut zu dem sehr frommen Herzog Bernhard, der seinen Sohn Ernst Ludwig zum Beispiel einmal in einem Brief ermahnte, vor Beginn eines jeden Experimentes *„ein klein kurtzes Gebet und Dancksagungs Gebet ... im laboratorio verrichten, auch darbei Gott anzuruffen daß Er dißes Sein Werck ferner Ihme wolle laßen befohlen seyn und gesegnet“*.[30] Und in seinem Kalender notierte Bernhard am 26. August 1702, er habe *„im Nahmen Gottes und mit Gebet“* vier Gläser mit dem Oleum Tinctura Sulphuris im Laboratorio einsetzen und anfeuern lassen.

Bei der Metamorphosis Theoprasti Paracelsi handelt es sich um die Abschrift eines von Adam von Bodenstein (1528-1577) 1574 herausgegebenen Werkes des berühmten Arztes und Alchemisten.

Die drei zuletzt genannten Texte findet man auch in einer weiteren, nicht mit einem Titel versehenen handschriftlichen Rezeptsammlung, die zwar auf den ersten Seiten mit einer musikalischen Notensammlung beginnt, dann aber auf 356 Seiten vorwiegend alchemische Rezepturen und Texte enthält.[31] Bemerkenswert ist der Teiltext *„De Serpentibus“*, also „Über die Schlangen“, in dem die Verwertung der Schlangen, sei es ihrer Haut, ihres Körpers, ihres Giftes oder gar des

30 Landesarchiv Thüringen – Staatsarchiv Gotha, 2-13-0021, 5165, Bl. 184.

31 Landesarchiv Thüringen – Staatsarchiv Meiningen, 4-11-2020, 3693.

Schlangendungs für alchemische und medizinische Zwecke beschrieben wird. Im Abschnitt über den „*Leo Viridis*", den „Grünen Löwen", geht es um den Marcasit beziehungsweise Goldkies, also Eisensulfid FeS_2. Dieser Text beginnt mit einem kurzen Reim:

> „*Ich bin ohn aller Sorgen*
> *Der grüne Güldene Löwe unverborgen,*
> *Auß meiner eignen Natur u. Hitz*
> *Die Sonn verschling und wieder schwitz.*"

In dieser Sammlung sind des Weiteren auch Rezepturen von David Beuther, Sebald Schwertzer und Alexander von Suchten, sowie das „*Buch der Heimlichkeiten aller Philosophen*" enthalten. Die Practica „*Von den Goldt und Rothgülden Ertzen*" des Franz Frommer aus Eisenach enthält auch die in Abbildung 11 dargestellte Skizze eines Reverberierofens.

Abbildung 11: Zeichnung eines „*Reverberatorius Fornaculus*", eines kleinen Reverberierofens.
Quelle: Landesarchiv Thüringen – Staatsarchiv Meiningen

In den alchemischen Rezeptsammlungen der beiden ersten Herzöge von Sachsen-Meiningen finden sich an unterschiedlichen Stellen auch vier Varianten von Prozessvorschriften, die zur Gruppe der Erdsalzvorschriften vom Typ des *Processus Universalis ex Terrae* gehören. Diese Vorschriften, die auf das Werk des polnischen Alchemisten Michael Sendivogius (1566-1636) zurückgehen sollen, wurden erstmals von Rolf Gelius (1929-2020) näher untersucht.[32] Gelius hatte acht Varianten dieser alchemischen Prozessvorschrift als Manuskript in Archiven in Erlangen, Gotha, Hamburg, Karlsruhe und Kassel gefunden. Aber im Meininger Staatsarchiv findet man allein auch schon vier Varianten dieser interessanten Rezeptur. Darunter ein Manuskript mit dem Titel *„Mehrere Erklährung des Processus de Terra Virginea wie Ihn ein anderer Chymicus Herr Magister Rebentrost gehabt"*.[33] Dabei ist Terra Virginea die sogenannte „jungfräuliche Erde", die in einem Bereich kurz unterhalb der Wurzeln der Grasdecke gegraben wird, so dass sie im Verständnis der Alchemisten weder vegetabilisch (durch Wechselwirkung mit den Pflanzen) noch mineralisch (weil zu tief in der Erde), sondern eben noch jungfräulich ist. Bei Magister Rebentrost handelt es sich um den bekannten Alchemistenpfarrer David Rebentrost (1614-1703) aus dem erzgebirgischen Drebach.[34]

Nach diesen Erdsalzrezepten wird durch Auslaugung von geeigneter Erde, man sammelt dazu in der Regel 20 bis 24 Zentner Erde, ein sogenanntes Erdsalz (Sal Terrae) oder Natursalz (Sal Naturae) gewonnen, aus dem man das Menstruum Universale, also ein universales Lösungsmittel, herstellt. Dabei handelt es sich wohl im Wesentlichen um eine Art Königswasser, eine Mischung aus Salpeter- und Salzsäure beziehungsweise um chloridhaltige Salpetersäure, die in der Lage ist, Gold aufzulösen. Nach den Prozessvorschriften des Processus Universalis ex Sale Terrae löst man tatsächlich Gold in dem aus Erdsalz hergestellten Menstruum Universale auf, füllt die goldhalti-

32 Rolf Gelius: Der „Processus Universalis" nach Sendivogius, Gesnerus 53 (1996) 183-193.

33 Landesarchiv Thüringen – Staatsarchiv Meiningen, 4-11-2020, 3692, Bl. 19-22.

34 Gotthard Kell: Die Rebentrost's, ein erzgebirgisches Pfarrer- und Gelehrtengeschlecht, Glückauf! Zeitschrift des Erzgebirgsvereins 53 (1933) 223-228.

ge Lösung in eine danach hermetisch zu verschließende Phiole und stellt diese dann in einen Athanor und lässt über längere Zeit Schritt für Schritt höhere Temperaturen einwirken, insgesamt ca. 250 Tage lang. Am Ende erhält man einen rubinfarbigen Kristall, mit dem man nach entsprechender Multiplikation unedle Metalle in Gold verwandeln kann. Auch Johann Joachim Becher ging in seinem *Chymischen Glückshafen* ausführlich auf die Erdsalzrezepte ein und druckte drei solcher „*Erden-Saltz*"-Rezepte ab, darunter die „*Tinctura M. Lepireni, so er Kayser Rudolpho communicirt*".[35]

Versuche des Netzwerkes Alchemie[36] am Forschungszentrum Gotha der Universität Erfurt haben gezeigt, dass man die in den Prozessvorschriften dargestellten Schritte tatsächlich bis zur Synthese eines rubinfarbenen Festkörpers experimentell ohne große Schwierigkeiten nachvollziehen kann. Dabei handelt es sich um ein Goldrubinglas, welches aus dem aufgelösten Gold und aus dem Erdreich beziehungsweise aus dem Phiolenglas gelöstem Silikat entstehen kann. Die rote Farbe kommt dadurch zustande, dass das Gold in der Form von Nanopartikeln im Glas verteilt ist. Die danach in den Prozessvorschriften beschriebene Umwandlung unedler Metalle in Gold mit Hilfe dieses rubinfarbenen Steins ist natürlich nicht möglich.

Neben den rein alchemischen transmutatorischen Rezeptsammlungen existieren, wie schon angemerkt, weitere eher zum handwerklichen oder medizinischen Bereich gehörige, also iatrochemische Zusammenstellungen vor allem alchemischer Rezepte zur Herstellung von (vermeintlichen) Medikamenten:

Zu den handwerklichen Rezeptsammlungen gehört der „*Tractat von Firnissen*", in welchem „*man die Art und Weiße zeiget, einen zu componiren, welcher dem Chinesischen vollkommen beykomt*".[37] Auf 206 Seiten wurden hier zahlreiche chymische Rezepturen für Firnisse, Lacke, auch für Farbmischungen, die in diesen zu verwenden sind, niedergeschrieben.

35 Becher: Glückshafen, S. 520-522.

36 siehe: https://www.uni-erfurt.de/forschungszentrum-gotha/forschung/arbeitsstellen-und-netzwerke/netzwerk-alchemie (letzter Zugriff: 13.06.2023). Das Netzwerk Alchemie wird von Martin Mulsow geleitet.

37 Landesarchiv Thüringen – Staatsarchiv Meiningen, 4-11-2020, 3616.

Das *„Rezeptbuch für böse Augen und andere Uebel“*[38] wurde von Herzog Bernhard mit dem Jahr 1683 datiert. Aus dem Text ergibt sich, dass es bereits 1678 als Abschrift fertiggestellt und offenbar später von Bernhard angekauft wurde. Bei dem Inhalt mit 340 Seiten Umfang soll es sich zum größten Teil um Rezepte handeln, *„So die Allte von Miltitz“* von der *„Hochgebornne Frauen und Kurfürstin von Sachsen“* erhalten haben soll. Dabei wird es sich um die aus Hessen stammende Kurfürstin Agnes von Sachsen (1527-1555, Kurfürstin seit 1547) und ihre Hofmeisterin Sophia von Miltitz (?-1565) handeln.[39] Agnes von Sachsen war als Iatrochemikerin nicht ganz so bekannt wie ihre aus Dänemark stammende Schwägerin Anna von Sachsen (1532-1585, Kurfürstin seit 1553).[40] Da Agnes von Sachsen nach dem Tod ihres Mannes, des albertinischen Kurfürsten Moritz von Sachsen (1521-1553), noch kurz (1555 für etwa 6 Monate) mit dem Ernestiner Johann Friedrich II. von Sachsen (1529-1595) verheiratet war, kam die Rezeptsammlung vielleicht so in ernestinischen Besitz. Die Handschrift enthält aber auch andere Texte, wie zum Beispiel mit *„De peste Libellus – Theophrasti“* einen Text von Paracelsus.

Eine weitere Sammlung zahlreicher medizinischer Rezepturen von verschiedenen Schreibern auf 279 Seiten enthält das Manuskript *„Medicinische Rezepte“*.[41] Noch interessanter ist die umfangreiche, aus dem Jahr 1596 stammende Handschrift *„6 Bücher auserlesener Arzney“*. Der voluminöse Band mit gelbem Prachteinband und Goldschnitt umfasst 1.082 beschriebene Seiten mit deutschsprachigen Rezepturen für Arzneimittel aller Art. Ein Autor ist nicht angegeben, das Vorwort wurde von *„J.C.R.D.“*, das ist wohl der sachsen-weimarische Leibarzt Johann Christian Rebhold, Doctor, unterzeichnet, der berichtet, eine gewisse *„Frawen Eleonora ... aus Fürstlichem Stamm ... vom Hauß zu Württemberg“* geboren, habe die Rezeptsammlung

38 Landesarchiv Thüringen – Staatsarchiv Meiningen, 4-11-2020, 1660.

39 Alisha Rankin: Panaceia's Daughters. Noblewomen as Healers in Early Modern Germany, Chicago 2013, S. 28-29, 42, 75.

40 Alisha Rankin: Experimente am Hof: Die pharmazeutische Praxis der Anna von Sachsen (1532-1585), Sächsische Heimatblätter 55 (2009), S. 155-163.

41 Landesarchiv Thüringen – Staatsarchiv Meiningen, 4-11-2020, 3617.

zusammenstellen lassen.[42] Tatsächlich handelt es sich dabei um Eleonore von Württemberg (1552-1618), die nacheinander mit zwei deutschen Fürsten verheiratet war: Herzog Joachim Ernst von Anhalt (1536–1586) und nach dessen Tod mit Landgraf Georg I. von Hessen-Darmstadt. (1547-1596). Später lebte sie am ernestinischen Hof von Sachsen-Weimar. Mit Hilfe des dortigen Leibarztes hatte sie diese bekannte Rezeptsammlung zusammengestellt, die ab 1600 mehrmals im Druck erschien, zuerst im Auftrag des Herzogs von Sachsen-Weimar und kursächsischen Regenten Friedrich Wilhelm I. (1562-1602) in der Torgauer Hofdruckerei.[43] Möglicherweise handelt es sich bei der Meininger Handschrift um die Druckvorlage?[44]

Im Ersten Abschnitt werden vor allem verschiedene Varianten von „*Aqua Vitae*" angegeben, also von mehr oder weniger konzentrierten alkoholischen Getränken, die dann auf verschiedene Art weiter behandelt wurden. Beispielhaft seien ein weißes oder ein gelbes Aqua Vitae genannt, „*Der Pfalzgräfin*" oder „*Doctor Kalben*" Aqua vitae und auch ein Aqua vitae Aurea wird beschrieben. Letzteres gehört dann wohl schon zu den meist Aurum potabile genannten trinkbaren Goldauflösungen. In der Meininger Handschrift werden sie „*Güldenwasser*" genannt und es gibt davon wieder verschiedene konkrete Rezepturen, darunter ein „*Graff Wilhelms von Henneberg weys Güldenwasser*". Der zweite Abschnitt behandelt vor allem Fieber- und Pestarzneien, darunter Rezepturen, die von „*Hertzog Reichardt Pfalzgraven*", von dem „*Churfürsten von Sachsen*", „*Der Pugenhöfferin*", „*Der alten Frawen Bucherin*" und „*Kayser Maximilian*" stammen sollen, um nur einmal ein paar Beispiele zu nennen. Es fällt schon auf, dass auch immer wieder Frauen, seien sie adlig oder nicht, als Urheberinnen der Rezepte genannt werden, wenn auch die Nennungen von Männern in der Mehrzahl sind. Die folgenden Abschnitte behandeln dann Rezepte für das „*Haupt*", die „*Wundartzney*", gegen die „*Schwachheitten*

42 Landesarchiv Thüringen – Staatsarchiv Meiningen, 4-11-2020, 3626.

43 Peter Assion: Das Arzneibuch der Landgräfin Eleonore von Hessen-Darmstadt, Medizinhistorisches Journal 17 (1982), S. 317-341.

44 Eine ganz ähnliche Handschrift findet sich auch in: Württembergische Landesbibliothek Stuttgart, Signatur: Cod. med. et phys. fol. 2.

des weiblichen Geschlechts" und schließlich im letzten Abschnitt, was für Ausgangsprodukte „*zur Apotheken und Haushaltung gehörig*" sind und wie man bei ihrer Verwendung vorgehen sollte.

nachfolgende Doppelseite:
Abbildung 12: Erste und letzte Seite des Vertrages über ein alchemisches Werk zwischen Herzog Bernhard I. und Michael Ludwig, unterzeichnet in Meiningen am 29. März 1693. Quelle: Landesarchiv Thüringen – Staatsarchiv Meiningen

4.3. Die gemeinsamen alchemischen Projekte von Herzog Bernhard und Erbprinz Ernst Ludwig

4.3.1. Der Vertrag mit dem Alchemisten Michael Ludwig, Bergkommissar 1693

Der früheste Hinweis auf alchemische Tätigkeiten im Herzogtum Sachsen-Meiningen ist der Vertrag von Herzog Bernhard mit einem auswärtigen Alchemisten, dem „*Churfürstl. Sächsischen Berg Commissarium*“ Michael Ludwig,[45] datiert auf den 29. März 1693.[46] Herzog Bernhard war zu diesem Zeitpunkt bereits 43 Jahre alt. Die erste und letzte Seite des Vertrages sind in Abbildung 12 dargestellt. In diesem Vertrag verpflichtete sich der Alchemist Ludwig, „*ein durch unermüdeten fleiß, Sorgfalt und Arbeit, auch viele verwande Reysen und große Costen, vermittelst Göttl. Gnade erlerntes Arcanum einer sonderbahren und sehr nützlichen Goldscheidung aller goldhaltigen Silber nebst einer profitablen impraegnation der [Gold] in [Silber] dergestalt*“ durchzuführen, dass der „*Überschuß und profit*“ aus jeder Mark Silber wöchentlich einen halben Ducaten beträgt, also aus rund 234 g Silber etwa 1,75 g Gold pro Woche. Diese Arbeit sollte „*an einem bequemen orthe*“ mit 1.000 Mark Silber, das heißt 234 kg Silber, welches „*in infinitum zugebrauchen, und keinen Abgang haben soll*“, durchgeführt werden. Man hätte dann eine wöchentliche Ausbeute von 1,75 kg Gold, was heute (25.01.2023) einem Wert von rund 100.000 EUR entspräche.

Bei diesem alchemischen Werk ging es also darum, Silber durch geeignete Operationen teilweise in Gold umzuwandeln, zu transmutieren. Das Gold sollte dann vom Silber geschieden werden. Überraschenderweise sollte dabei die Menge des Silbers nicht abnehmen. Leider erfahren wir keine technischen Details des geplanten Werkes.

45 auch Ludewich, Ludwigk oder Ludwigken geschrieben

46 Landesarchiv Thüringen – Staatsarchiv Meiningen, 4-11-2020, 1763, Bl. 1-4.

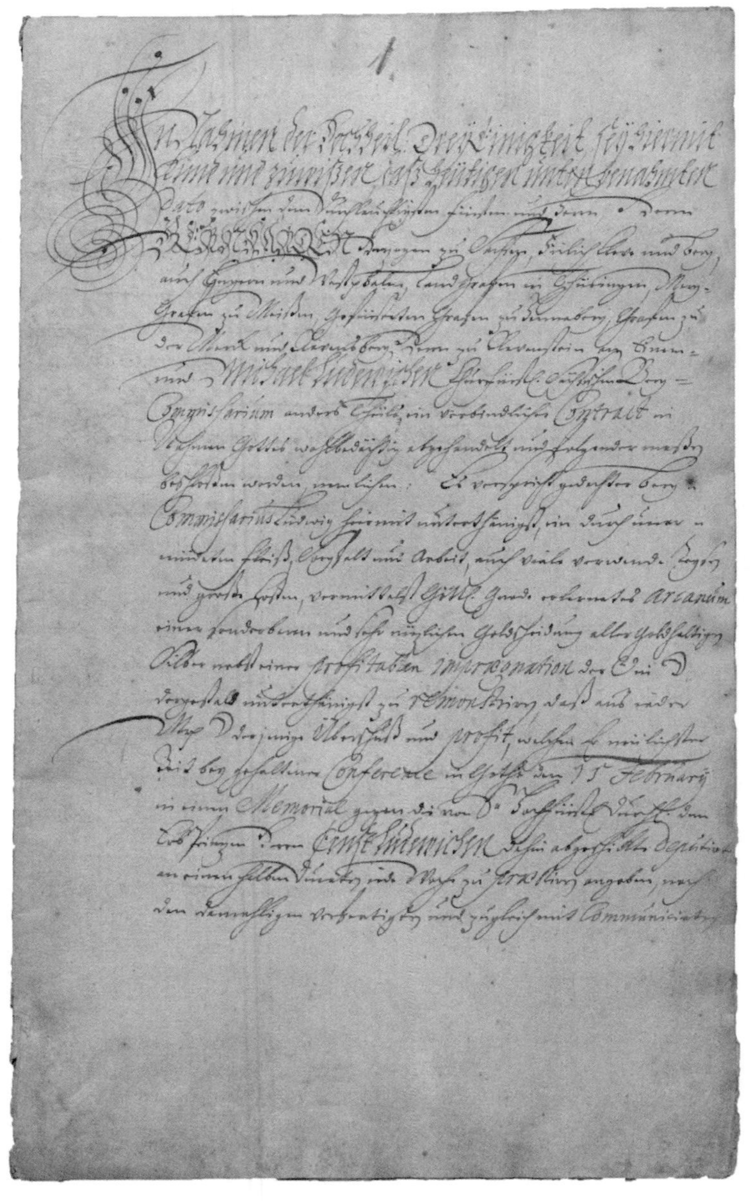

1.

Im Nahmen der hochheil. Dreÿeinigkeit seÿ hiermit kund und zuwißen, daß heutigen unten benahmten dato zwischen dem durchlauchtigsten Fürsten und Herrn, Herrn [illegible] Herzogen zu Sachsen, Jülich, Cleve und Berg, auch Engern und Westphalen, Landgrafen in Thüringen, Marggrafen zu Meißen, gefürsteten Grafen zu Henneberg, Grafen zu der Marck und Ravensberg, Herrn zu Ravenstein [illegible] einer, und Michael Ludewigsen Churfürstl. Sächsischen Berg-Commissarium anderstheils, ein verbindlicher Contract in Nahmen Gottes wohlbedächtig abgehandelt und folgender maßen geschloßen worden, nemlichen: Es verspricht gedachter Berg-Commissarius Ludewig hiermit unterthänigst, ein durch [illegible] Fleiß, Vorsicht und Arbeit, auch vieler verwendeter Mühe und großen Kosten, vermittelst Göttl. Gnade erlangtes Arcanum einer sonderbaren und sehr nützlichen Goldscheidung aller goldhaltigen Silber nebst einer profitablen Impregnation der [illegible] unterthänigst zu demonstriren, daß [illegible] derjenige Überschuß und Profit, welchen er [illegible] bei gehaltener Conferentz in Gotha den 15. Februarii in einem Memorial gegen die von Ihr. Hochfürstl. Durchl. [illegible] Herrn Ernst Ludewigen [illegible] abgeschickten Deputirten an einem halben Ducaten [illegible] zu profitiren angeben, nach den damahligen [illegible] und zugleich mit Communicirung

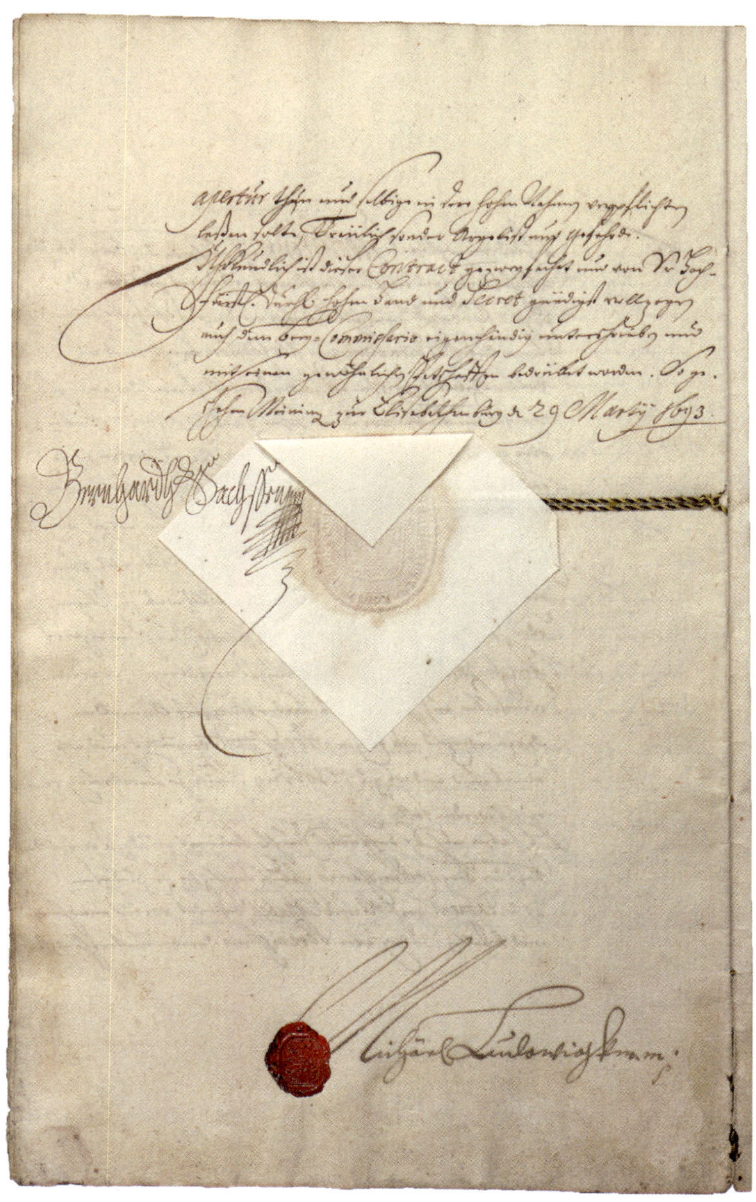

apertur [illegible] und selbige in der hohen [illegible] [illegible]
lassen solle. Treulich sonder Argelist und Gefehrde.
Urkundlich ist dieser Contract gezweyfachet und von Ihr Hochfürstl. Durchl. hohen Hand und Secret gnädigst vollzogen
auch dem Berg-Commissario eigenhändig unterschrieben und
mit seinem gewöhnlichen Petschaften bedrucket werden. So geschehen Meiningen zur Elisabethenburg d. 29 Martii 1693.

Bernhardt [illegible] Sachßen [illegible]

Michael [illegible]

Aber die Umwandlung von Silber in Gold war eine ganz übliche Partikularoperation der Alchemisten jener Zeit und wir werden auch in diesem Bericht noch mehrmals auf solch eine Prozessvorschrift stoßen. Auch in Bechers *Glückshafen* gibt es einen Abschnitt mit 97 Rezepten zum „*Eintragen*" von Gold in Silber.

Natürliches Silber bzw. Silbererze enthalten üblicherweise kleinere oder größere Anteile von Gold, *„es gibt kaum Silber, welches nicht Spuren von Gold aufzuweisen hätte"*.[47] Dieser geringe schwankende Goldgehalt natürlichen Silbers war wahrscheinlich der wichtigste Grund, warum Partikularrezepte zur teilweisen Umwandlung von Silber in Gold gerade in der Endphase der europäischen Alchemie um 1700 so populär waren, denn wenn man vor der Operation den Goldgehalt des Silbers nicht bemerkt hatte, konnte man fälschlicherweise annehmen, das am Ende gefundene Gold selbst erzeugt zu haben.

Im modernen Periodensystem der Elemente steht Gold (Au für lateinisch Aurum) in der 11. Gruppe direkt unter dem Silber (Ag für lateinisch Argentum), wie in Abbildung 13 zu sehen. Allerdings hat Gold mit 19,32 g/cm³ fast die doppelte Dichte wie Silber mit 10,49 g/cm³. Um ein Silberatom in ein Goldatom umzuwandeln, müsste man dem Silber zu seinen 47 Protonen und Elektronen jeweils weitere 32 hinzufügen, um die Zahl 79 für Gold zu erreichen. Dazu würden je nach Silberisotop (Ag-107 oder Ag-109) noch 60 beziehungsweise 62 zusätzliche Neutronen kommen. Aber das weiß man erst seit dem 20. Jahrhundert. Das Element mit der Ordnungszahl 32 ist Germanium. Man müsste also zum Beispiel ein Germaniumatom und einige weitere Neutronen mit einem Silberatom verschmelzen, um ein Goldatom zu erhalten. Für derartige

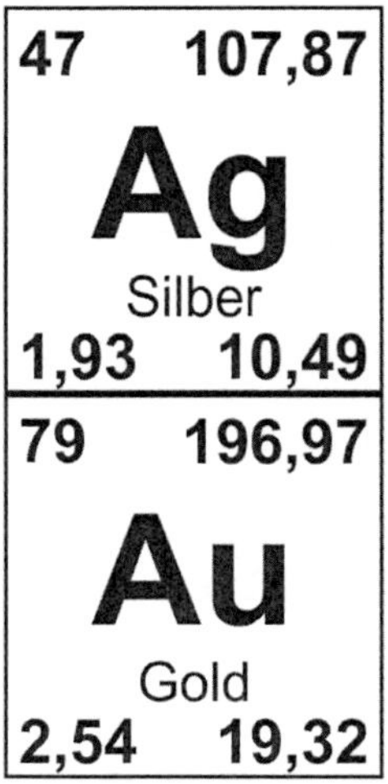

47	107,87
Ag	
Silber	
1,93	10,49
79	196,97
Au	
Gold	
2,54	19,32

47 Georg von Viebahn: Statistik des zollvereinten und nördlichen Deutschlands, Berlin 1858, S. 750.

Kernumwandlungen benötigt man Teilchenbeschleuniger oder Kernreaktoren. Eine solche Goldsynthese aus Silber ist bisher auch noch nicht durchgeführt worden. Die moderne Naturwissenschaft konnte Gold bisher nur aus den Elementen Bismut, Blei oder Quecksilber herstellen, in sehr geringen Mengen und mit extrem hohen Kosten, aber immerhin.[48] In der uns interessierenden Zeitperiode waren solche Überlegungen noch ganz weit weg.

Doch nun zurück zum Alchemisten-Vertrag. Aus diesem ergibt sich auch, dass die Verbindung zwischen Herzog Bernhard und Michael Ludwig durch Bernhards Sohn Ernst Ludwig hergestellt worden war. Ernst Ludwig hatte auch die entscheidenden Verhandlungen mit Michael Ludwig am 15. Februar 1693 in Gotha führen lassen.

Bevor das Werk eingerichtet werden konnte, verlangte Herzog Bernhard gemäß Vertrag eine Probe mit 9 Mark Silber (etwa 2,1 kg), die von Michael Ludwig in Schweina durchgeführt werden sollte. Wenn diese Probe erfolgreich ausfallen sollte, würde „*Berg Commissarius*“ Ludwig eine Zahlung von 1.800 Reichstalern erhalten, davon 600 Taler sofort, 400 Taler bei der nächsten Leipziger Ostermesse[49] und „*die übrigen Acht Hundert Rthlr aber gegen Michaelis*[50] *dieses lauffenden Jahres aus den Tractament selbst vergnüget werden möchten*“. Wenn das Werk „*in großen eingerichtet wird*“, sollte Michael Ludwig weitere 4.200 Reichstaler erhalten, und zwar solange ein Sechstel des Profits bis eben diese 4.200 Reichstaler erreicht wären. Die Einrichtung des Prozesses sollte nach der Ostermesse beginnen und zwar in Maßfeld, wo sich offenbar ein herzogliches Laboratorium befand.

Schließlich verpflichtete der Vertrag den Berg Commissarius auch „*Sr. Hochfürstl. Durchl. ältesten Prinzen den ganzen Process obigen arcani dieser edlen Goldscheidung und impraegnation der [Gold] und [Silber] mit allen incredientibus und Handgriffen aufrichtig getreu und redlich, wie einem ehrlichen Mann eignet und gebühret unterthä-*

48 z. B.: K. Aleklett, D.J. Morrissey, W. Loveland, P.L. McGaughey, G.T. Seaborg: Energy dependence of 209Bi fragmentation in relativistic nuclear collisions, Physical Revue C 23 (1981) 1044-1046.

49 Ostermesse 1693: 8. Mai.

50 29. September 1693.

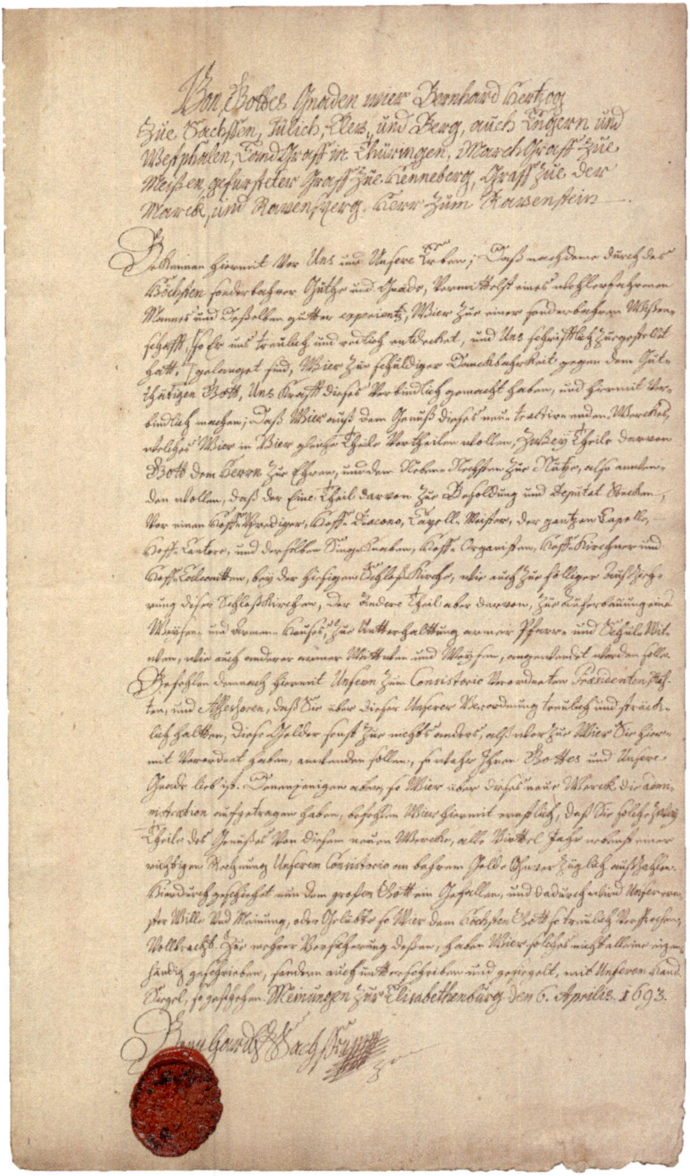
Von Gottes Gnaden wier Bernhard Hertzog
zue Sachßen, Jülich, Cleve, und Berg, auch Engern und
Westphalen, Landgraff in Thüringen, Marckgraff zue
Meißen, gefurßteter Graff zue Henneberg, Graff zue der
Marck, und Ravensberg, Herr zum Ravenstein

Meiningen zur Elisabethenburg den 6. Aprilis 1693.

Bernhard H. z. Sachßen

linke Seite:
Abbildung 14: Urkunde Herzog Bernhards über die Verwendung der Gewinne aus dem alchemischen Werk vom 6. April 1693. Quelle: Landesarchiv Thüringen – Staatsarchiv Meiningen

nigst zu eröffnen und schrifttlich aus zu händigen und ... dermaßen zu demonstriren, daß Sr. Hochfürstl. Durchl. es iedes mahl selbsten richtig können nachmachen". Der Vertrag wurde von Herzog Bernhard und Michael Ludwig am 29. März 1693 in „*Meiningen zur Elisabethenburg*" jeweils unterschrieben und gesiegelt. Eine von Michael Ludwig unterschriebene Quittung belegt auch die Zahlung der ersten Rate von 600 Talern am 2. April 1693 in Meiningen.[51] Daraus können wir schließen, dass der vorhergehende Versuch mit 9 Mark Silber in Schweina erfolgreich gewesen sein muss.

Wie überzeugt der neue Jünger der Alchemie Herzog Bernhard vom Erfolg des geplanten alchemischen Werkes war, zeigt ein von ihm schon am 6. April 1693 unterzeichnetes außergewöhnliches Schriftstück. Gemäß dieser Urkunde ordnete der tiefgläubige Herzog an, dass er die Hälfte der Einnahmen „*dieses neu-tractirenden Werckes*" „*Gott dem Herrn zur Ehren, und dem Neben-Nechsten zur Nutze, also anwenden*" wolle. Ein Viertel der Einnahmen sollten zur Besoldung von Hof-Prediger und Diakon sowie für eine „*Capelle*" mit „*Capell-Meister*", Hofcantor, Singknaben und Organisten verwendet werden, während die anderen 25 % „*zur Auferbauung eines Weysen- und ArmenHauses*" „*angewendet werden solle*".[52] Herzog Bernhard nannte den Alchemisten Michael Ludwig in dieser Urkunde nicht mit Namen, er wird nur als „*wohlerfaherer Mann*" mit „*guter experientz*" beschrieben. Die Urkunde über die Verwendung der Gewinne aus dem alchemischen Werk übergab Herzog Bernhard dem Superintendenten von Meiningen Jakob Reichardt (1640-1706) und dem

51 Landesarchiv Thüringen – Staatsarchiv Meiningen, 4-11-2020, 1763, Bl. 10.

52 Emmrich: Bernhard, S. 20-22; Im Thüringischen Staatsarchiv Meiningen findet man die entsprechenden Dokumente auch im Nachlass von Emmrich: Landesarchiv Thüringen – Staatsarchiv Meiningen, 4-97-1050, 139.

Hofdiakon Johann Adam Krebs (1663-1726) zur gemeinsamen Aufbewahrung. Diese Urkunde mit Unterschrift und Siegel des Herzogs zeigt Abbildung 14.

Diese Art der detaillierten Verplanung fiktiver zukünftiger Einnahmen aus erfolgreichen alchemischen Projekten war in den ernestinischen Herzogtümern der Frühen Neuzeit nicht ungewöhnlich, sind sie doch auch für Bernhards Brüder Friedrich I. von Sachsen-Gotha-Altenburg und Christian von Sachsen-Eisenberg überliefert. Das besondere bei Bernhards Vorgehen war, dass er solche Pläne nicht nur in ein privates Notizbuch eingeschrieben hat, sondern, dass er sie in einer offiziellen Urkunde den leitenden Kirchenbeamten seines Landes zur Verwahrung übergeben hat.

Am selben Tag, an dem Bernhard diese Urkunde unterzeichnet hatte, war sein Vertragspartner Michael Ludwig schon aus dem Herzogtum Sachsen-Meiningen abgereist. Das wissen wir aus einem Brief, den er ebenfalls am 6. April, vier Tage nach Erhalt der 600 Taler Anzahlung, „*Eylichst*" in Gotha geschrieben und an Herzog Bernhard geschickt hat.[53] In diesem Brief beschwerte sich der Alchemist Ludwig beim Herzog, dass er sich nicht sicher sein könne, dass sein Arcanum wie vereinbart geheim gehalten werden würde. Er bestehe darauf, dass das Arcanum, wie verabredet, nur „*einzig und allein dero Erbprintzen Durchl. anvertauet werdten möchte*". Außerdem monierte er, dass er die Anzahlung von 600 Talern in schlechten Sorten erhalten habe. Dadurch habe er einen Verlust von etwa 50 Talern. Da er außerdem hohe Reisekosten gehabt habe, forderte er in dem Brief auf der bevorstehenden Leipziger Messe weitere 100 Taler neben der vereinbarten zweiten Rate von 400 Talern in guten Sorten ausgezahlt zu bekommen. Ob es dazu gekommen ist, wissen wir nicht, aber wahrscheinlich nicht, denn im laufenden Jahr 1693 kehrte Michael Ludwig nicht ins Herzogtum Sachsen-Meiningen zurück, obwohl er laut Vertrag nach der Leipziger Ostermesse mit der Einrichtung seines alchemischen Werkes in Maßfeld beginnen musste.

53 Landesarchiv Thüringen – Staatsarchiv Gotha, 2-13-0021, 5165, Bl. 159-161.

Was können wir über diesen Alchemisten Michael Ludwig ermitteln? Leider nur wenig. Der Arztalchemist David Kellner (1644-1725) aus Nordhausen, einer Freien Reichsstadt im Nordwesten Thüringens, schrieb über ihn im November 1693 an den Grafen Christoph Ludwig I. zu Stolberg-Stolberg (1634-1704), dass *„dero Durchlauchtigkeit Herzog Bernhard den bruder des BürgerMeister Ludwigs zu Stollberg, welcher nicht eine Zeile recht schreiben kan“*, mit dem *„Praedicat eines Bergrathes“* *„begnadiget“*.[54] Damit wissen wir zumindest, dass es sich wohl um einen Bruder eines Bürgermeisters der vom Bergbau geprägten Stadt Stolberg im Harz handelte.

Wie dem auch sei, Michael Ludwig war nach der erfolgreichen Probe in Schweina und dem Erhalt der 600 Reichstaler aus Meiningen abgereist und hielt sich nach Kellners Aussage *„den ganzen Sommer durch mit Hn. Senffen zu Berlin“* auf und konnte daher dem Herzog keine Dienste geben.[55]

Ein weiterer Brief des Michael Ludwig stammt dann schon vom 25. August 1694 aus Dresden und ist an einen Bediensteten des Meininger Herzogshauses gerichtet.[56] Er, Michael Ludwig, habe von David Kellner aus Nordhausen erfahren, dass man ihn gerne wieder in Meiningen sehen würde. Ludwig reagierte darauf mit Ausflüchten, wie, dass er die eine oder andere Affäre in Dresden zu verrichten habe und dass die Reise beschwerlich wäre, sowohl was Zeit als auch Kosten anginge. Damit versiegen die erhaltenen Information zur Alchemieaffäre mit Michael Ludwig in Meiningen. Offenbar war das ein raffinierter Betrüger, der nach positiv ausgefallenen ersten Proben mit der Anzahlung auf Nimmerwiedersehen verschwunden war. Erstaunen muss dabei die Naivität der Meininger Fürsten, der Vater und sein ältester Sohn, die ihm diese hohe Anzahlung auszahlten und dann offiziell zur Leipziger Messe reisen ließen, ohne dass schon substanziell etwas passiert war, nur eine erfolgreiche kleine Probe, die wahrscheinlich Betrug war. Eigene Gegenproben hatten die Meininger Fürsten noch nicht verlangt.

54 Universitäts- und Landesbibliothek Sachsen-Anhalt, 25 E 12, Bl. 1019-1022.

55 Universitäts- und Landesbibliothek Sachsen-Anhalt, 25 E 12, Bl. 1019-1022.

56 Landesarchiv Thüringen – Staatsarchiv Gotha, 2-13-0021, 5165, Bl. 162-163.

Also die erste Erfahrung, die Herzog Bernhard mit der Alchemie gemacht hatte, war ein totales Desaster und mit dem Verlust von mindestens 600 Talern Anzahlung verbunden, auch wenn er schlechte Münzen zur Bezahlung verwendet hatte.[57] Doch konnte ihn das nicht von seinem neu gewonnenen Glauben an den Nutzen und die Möglichkeiten der Alchemie abbringen.

4.3.2. Die alchemischen Laboratorien im Herzogtum Sachsen-Meiningen vor 1698

Wir hatten schon festgestellt, dass der Bericht über einen frühen Einbau eines alchemischen Labors in den Neubau der Elisabethenburg in Meiningen auf der irrtümlichen Lesung einer Bauzeichnung beruhte. Aus dem Vertrag zwischen Herzog Bernhard und Michael Ludwig sowie weiteren Schriftstücken rund um dieses alchemische Werk erfahren wir, dass für alchemische Arbeiten 1693 Laboratorien in Schweina und im Schloss Maßfeld, im Ort Untermaßfeld gelegen, genutzt wurden.

Untermaßfeld liegt nur etwa vier Kilometer südlich der Meininger Elisabethenburg und etwa anderthalb Kilometer südlich der Bebauungsgrenze der heutigen Stadt Meiningen. Das Wasserschloss Maßfeld war ursprünglich eine Burg der Grafen von Henneberg und diente ihnen zeitweise auch als Residenz. Nachdem die Grafenfamilie von Henneberg 1583 ausgestorben war, wurde das Schloss nur noch als Festung und Amtssitz des Amtes Maßfeld genutzt.[58] Ein Teil des Baumaterials für die neue Elisabethenburg stammte vom Wasserschloss Maßfeld, das nach 1680 entfestigt wurde. Das Gebäude selbst

57 Die Meininger Chronik berichtet, dass seit Herbst 1692 „starke Verwirrung" in der Münze eintrat, da in Sachsen und Thüringen Münzen geprägt wurden, die nur drei Viertel des Nominalwertes wert waren. Diese Verwirrung zog sich bis Ende 1693 hin. In dieser Zeit wurden die neuen Münzen mehrmals ab- und wieder aufgewertet. In: Anon.: Chronik der Stadt Meiningen v. 1676 bis 1834, 1. Teil, Meiningen 1834, S. 35-36.

58 Norbert Hübscher: Beiträge zur Geschichte und Baugeschichte der ehemaligen Festung Untermaßfeld, in: Burgen und Schlösser in Thüringen 1997, S. 67ff., Jena 1997.

Abbildung 15: Die Justizvollzugsanstalt Untermaßfeld im Jahr 2021.
Foto: Alexander Kraft, 2021.

wurde später als Gefängnis genutzt. Noch heute hat es diese Funktion, als Justizvollzugsanstalt Untermaßfeld, die in Abbildung 15 dargestellt ist. – Das im Jahr 1693 genutzte Laboratorium im Wasserschloss Maßfeld stammte also noch von den Grafen von Henneberg.

Das zweite genannte Labor befand sich in Schweina im Bergbaurevier des kleinen Herzogtums Sachsen-Meiningen. Schweina liegt in Luftlinie etwa 29 km nördlich von Meiningen. Zum Laboratorium in Schweina mehr im nächsten Abschnitt.

4.3.3. Der Bergbau in Schweina und die Alchemie[59]

Das Bergbaurevier des Herzogtums Sachsen-Meiningen befand sich in der lehensabhängigen Herrschaft Altenstein (auch Gericht Altenstein), die bis 1722 den Herren Hund von Wenkheim gehörte. Die Herzöge von Sachsen-Meiningen besaßen allerdings das Berg- und Jagdrecht in Altenstein. Insbesondere der Kupferbergbau war in diesem Gebiet bis zu den Zerstörungen des Dreißigjährigen Krieges

59 Fritz Trebsdorf: Geschichte des Kupferschiefer-, Kobalt- und Eisensteinbergbaues im Altensteiner Revier des ehemaligen Herzogtums Sachsen-Meiningen, Diss. Jena 1935, Nachdruck Bad Salzungen 1998. Den Ausführungen in diesem Abschnitt, liegen, wenn nicht anders angemerkt, die Ausführungen in dieser Arbeit zugrunde.

(1618-1648) ein wichtiger Wirtschaftszweig gewesen. Daneben gab es auch einen Eisenerz- und ab etwa 1710 zusätzlich noch einen Kobaltbergbau.

Obwohl das Bergregal beim Herzog von Sachsen-Meiningen lag, wurde der, allerdings recht unbedeutende Eisenerzbergbau von den Herren Hund von Wenkheim betrieben. Im Gegensatz dazu stand der mehr Profit versprechende Kupfer- und später auch der Kobaltbergbau unter der Aufsicht der Meininger Herzöge. Hauptstandort des Bergbaus in der Herrschaft Altenstein war die Ortschaft Schweina.

Während der Eisensteinbergbau auch während und nach dem Dreißigjährigen Krieg weitergeführt worden war, kam der aufwendigere Kupferbergbau in den Kriegsjahren zum Erliegen und wurde auch in den nachfolgenden Jahrzehnten nicht wieder aufgenommen. Erst nach der Bildung des Herzogtums Sachsen-Meiningen begannen etwa 1681 die Bemühungen um die Wiederaufnahme des Kupferbergbaus. Zuerst versuchte Christoph Heym auf Anregung des Herzogs das alte Kupferschieferbergwerk in Schweina wieder in Stand zu setzen. Da sein Kapital dazu nicht ausreichte, wurde etwa 1684 eine Gewerkschaft unter Führung des Nicolaus Lages, Bergverwalter im mansfeldischen Eisleben, gegründet. Weitere Anteilseigner waren wichtige Mitglieder der Regierung des Herzogtums, darunter der Direktor aller Kollegien Johann Balthasar von Gabelkoven (1636-1716), Kammerrat Paul Künhold (1639-1709) und die Amtmänner von Salzungen und Wasungen. 1686 übernahm auch Herzog Bernhard selbst einen Teil der Kuxe der Gewerkschaft. Damit schien man für eine ausreichende Kapitalbasis gesorgt zu haben. Aber es kam immer wieder zu finanziellen Engpässen. Wieder und wieder wurden neue Anteilseigner für einen Teil der Kuxe gesucht, weil die bisherigen Eigner nicht in der Lage oder nicht Willens waren, weiteres Kapital für die bisher nur Verluste bringende Unternehmung nachzuschießen. 1693 übernahm Herzog Bernhards ältester Sohn Ernst Ludwig einen Teil der Kuxe und schließlich fiel der Schweinaer Kupferbergbau komplett an ihn.[60] Aber auch Ernst Ludwig gelang es nicht, den Bergbau profi-

60 Hans Patze, Walter Schlesinger (Hgg.): Geschichte Thüringens, 5. Band, 1. Teil, 1.

tabel zu gestalten. Daher verpachtete der Erbprinz Ernst Ludwig „*das Berg- u. Hüttenwerk zu Schweina*" im Juni 1695 für fünf Jahre an seinen Vertrauten, den Obristen Georg Julius von Damm (1654-1715),[61] der seit 10. Mai 1691 sein Hofmeister war.[62]

Dieser Obrist von Damm, der selber auch alchemisch aktiv war und ein eigenes Laboratorium betrieb, stammte aus einer zum Patriziat zählenden Familie der Freien Reichsstadt Frankfurt am Main. Er hatte eine militärische Karriere hinter sich und war unter anderem Hauptmann in holländischen und später in venezianischen Diensten in Morea gewesen. Bei Morea handelte es sich um die heutige griechische Halbinsel Peloponnes, die zwischen 1684 und 1687 von der Republik Venedig erobert worden war. Die gegen das Osmanische Reich kämpfende venezianische Streitmacht bestand zum größten Teil aus Soldtruppen aus dem Deutschen Reich, denen sich von Damm offenbar auch angeschlossen hatte. Im Herzogtum Sachsen-Meiningen befehligte der Obrist von Damm zunächst eine der vier Kompanien der Landmiliz mit einer Mannschaftsstärke von 100 Mann. Später wurde er als Land-Obrister oberster Befehlshaber der gesamten Landmiliz des Herzogtums.

Organisatorisch wurde der Kupferbergbau in Schweina weiter vom Berg- und Münzdirektor Heym sowie dem Oberbergmeister Lages geleitet, wobei letzterer daneben aber nach wie vor in Eisleben in der Grafschaft Mansfeld ebenfalls im Kupferbergbau tätig war.

In Schweina gab es neben einer Schmelzhütte natürlich auch ein Laboratorium, das auch für alchemische Arbeiten genutzt wurde. So sind auch von Heym alchemische Versuche überliefert. Im Jahr 1695 wurde berichtet, dass Heym mit Hilfe eines „*Crocus martis*" (Eisenoxid und/oder -sulfat) und von „*Sulphure Antimoniali*" (ein aus Antimonsulfid präparierter Schwefel[63]) in einem Lot Silber acht Gran

Teilband, Böhlau Köln Wien 1982, S. 464.

61 Landesarchiv Thüringen – Staatsarchiv Meiningen, 4-99-004, 16, Bl. 70-79.

62 Georg Emmrich: Ernst Ludwig I., in: Archiv für die Herzogl. Sachsen Meiningischen Lande 1 (1832), S. 97-103, hier S. 102.

63 In dem hier betrachteten Zeitabschnitt wurde mit „Antimon" die Verbindung Antimonsulfid (Sb_2S_3, Stibnit, Spießglanz) bezeichnet. Das, was wir heute als das Element Antimon kennen, hieß damals „Regulus Antimonii".

Abbildung 16: Klippenförmige Bronzemedaille aus dem Jahr 1715 auf die Ausbeute des Kupferbergwerks Glücksbrunn bei Schweina.
Eigentümer der Bilder: Fritz Rudolf Künker GmbH & Co. KG, Osnabrück

linke Seite oben:
Abbildung 17: „Stalactites figuratus, oder Figurirter Tropfstein, oder Sinter, wie Blumenkohl, und Muschelartig, aus den Glücksbrunner Berg-Gruben, 1787". Es handelt sich bei diesem Mineral um Calcit-Sinter, der durch Beimengungen von Cobaltblüte (ein Cobaltarsenat) rosa gefärbt wurde. Dieser Sinter stammt aus den Stollen des Bergwerkes Glücksbrunn. Zusammen mit dem Originaletikett ist es wissenschaftshistorisch ein wertvolles Stück.
Quelle: Naturhistorisches Museum Schloss Bertholdsburg Schleusingen

Gold erzeugt haben soll.[64] Das würde heißen, dass er aus 14,6 g Silber etwa 650 mg Gold erzeugt hätte, was einer Elementumwandlung von rund 4,4 Ma% des Silbers entsprechen würde. Ab etwa 1695 arbeitete in dem Schweinaer Laboratorium auch der neu angeworbene Berghauptmann Baron von Heydenab, auf den wir weiter unten näher eingehen werden.

Da man im Schweinaer Kupferbergbau auch unter dem Obristen von Damm nicht aus der Verlustzone herauskam, verpachtete Ernst Ludwig das Bergwerk im April 1701 an den Hildburghausischen Hütten- und Bergverwalter Georg Siegfried Trier (1671-1741). Im Mai desselben Jahres stieg dessen kapitalkräftiger Bruder, der kursächsische Hofrat Johann Friedrich Trier (1652-1709) in das Geschäft ein und schon ein Jahr später kaufte Johann Friedrich Trier das Schweinaer Bergwerk inklusive der dazugehörigen Schmelz- und Hüttenwerke für 6.833 ½ Taler von Ernst Ludwig. Unter der Leitung der Brüder Trier wurde das Bergwerk dann endlich profitabel. Davon zeugt eine in Abbildung 16 dargestellte Bronzemedaille aus dem Jahr 1715, die man unter Verwendung von Kupfer aus dem Schweinaer Bergwerk, das nun Glücksbrunn genannt wurde, hergestellt hatte. Der wirtschaftliche Erfolg steigerte sich noch einmal, nachdem um 1710 Kobalterze entdeckt worden waren und man mit ihrem Abbau und der Weiterverarbeitung begonnen hatte. Abbildung 17 zeigt einen im Naturhistorischen Museum Schloss Bertholdsburg in Schleusingen ausgestellten Calcit-Sinter ($CaCO_3$) mit leichter Kobaltfärbung aus dem Bergwerk Glücksbrunn. Das Bergwerk blieb bis 1783 im Be-

64 Landesarchiv Thüringen – Staatsarchiv Meiningen, 4-11-2020, 1763, Bl. 30-33.

sitz der Familie Trier. Kurz nach 1800 wurde der Bergbau eingestellt. Die chemisch-alchemischen Arbeiten im Labor von Schweina beschränkten sich in der Zeit vor 1700 nicht auf die letztendlich illusorische Erzeugung von Gold. Auch an der naheliegenden Verbesserung der Kupferausbeute aus dem abgebauten Kupfererz (Kupferschiefer[65]) wurde natürlich gearbeitet. So berichtete Berghauptmann von Heydenab im August 1695, dass er *„auch auff den hiesiegen kupferstein in kleinen habe ettliche proben gemacht"*.[66] Dabei habe er aus vier Lot Kupferstein, also aus 58,4 g, ein Lot und ½ Quintlein Kupfermetall erhalten (entspricht 18,3 g). Normalerweise würde man höchstens ein Lot, also maximal 14,6 g Kupfer erhalten. Damit hätte er die Ausbeute um 25 % gesteigert. Er habe aus dem Kupfer außerdem Silber isolieren können und zwar 12 Lot (175,2 g) Silber auf den Zentner Kupfer (46,77 kg), während man normalerweise nicht mehr als vier Lot (58,4 g) Silber finden würde. In diesem Fall wäre die Ausbeute sogar verdreifacht worden.

4.3.4. Die Affäre Georg Gottlob Struve 1694–1695

Nach dem Fehlschlag von 1693 ließ der zweite Vertrag mit einem auswärtigem Alchemisten nicht lange auf sich warten. Vermutlich hatte Erbprinz Ernst Ludwig auch die Verbindung zu dem Alchemisten Georg Gottlob Struve hergestellt. Denn der Vertrag zwischen Herzog Bernhard und dem Alchemisten Struve wurde im März 1694 von Seiten Herzog Bernhards auch im Namen *„Unseres eltesten Printzen"* abgeschlossen (siehe Abbildung 18). Schon Georg Emmrich hatte berichtet, dass Herzog Bernhard von *„der Geheimräthin Struffen und ihren Söhnen getäuscht und betrogen"* worden wäre.[67] Aber ganz so war es nicht, die Geheimrätin Struve, die sicher auch nicht ganz ohne war, wurde von Emmrich zu Unrecht beschuldigt.

65 Gregor Borg, Adam Piestrzynski, Gerhard H. Bachmann, Wilhelm Püttmann, Sabine Walther, Marco Fiedler: An overview of the European Kupferschiefer deposits, Society of Economic Geologists Special Publication 16 (2012), S. 455–486.

66 Landesarchiv Thüringen – Staatsarchiv Meiningen, 4-11-2020, 1763, Bl. 30-33.

67 Emmrich: Bernhard, S. 19

Georg Gottlob Struve, geboren 1667 in Jena, war einer der zahlreichen Söhne des bekannten Juristen Georg Adam Struve (1619-1692), der seit 1646 Jura-Professor an der Jenaer Universität war, aber auch wichtige Staatsämter im Herzogtum Sachsen-Weimar bekleidete. Georg Gottlob Struve studierte Jura, zuerst ab 1684 in Jena,[68] dann in Leipzig,[69] dann wieder in Jena, zuletzt in Straßburg[70] im Elsass. Er muss sich zunächst außerordentlich intensiv in die Juristerei vertieft haben. Davon zeugen mehrere im Druck veröffentlichte Schriften, die zum Teil von ihm stammen, in denen er aber immer in der Disputation als Respondent aufgetaucht ist. Das begann schon 1684 in Jena.[71] 1685 folgte in Leipzig eine Schrift, bei der er als Autor und Respondent genannt wird.[72] Aus seiner zweiten Jenaer Zeit stammen zwei 1687 im Druck erschienene Disputationen über die kaiserliche Rechtsprechung[73] und über Rechtsprechung bezüglich der Weingärten[74] unter dem Vorsitz seines Vaters, bei denen er wieder als Respondent aufgetreten war. Den Abschluss als Licentiat erhielt er im Juli 1688 in Straßburg nach der Verteidigung einer Dissertation über rechtliche Fragen rund um das Keltern von Wein.[75] Der junge Georg Gottlob Struve hatte sich dann allerdings nach seinem juristischem Studienabschluss vollkommen der Alchemie verschrieben. Leider

68 Immatrikulation als Geo. Gottlobius Struvius am 21.3.1684 nach Reinhold Jauernig (Hsg.): Die Matrikel der Universität Jena, Band 2, 1652-1723, Weimar 1964, S. 799.

69 Immatrikulation als Geo. Gottlob Struve im Sommersemester 1684 nach: Georg Erler (Hsg.): Die jüngere Matrikel der Universität Leipzig 1559-1809, Band 2, Leipzig 1909, S. 447.

70 Immatrikulation als Georgius Gottlob Struvius am 24.4.1687 nach: Gustav Knod (Hsg.): Die alten Matrikel der Universität Strassburg, Band 2, Straßburg 1897, S. 539.

71 Johann Friedrich Dürr (Präsident), Georg Gottlob Struve (Respondent): Exemplum Boni Principis Quod Pietas Georgii Fridericii Marchionis Brandenburgensis, Jena 1684.

72 Otto Mencke (Präsident), Georg Gottlob Struve (Autor und Respondent): De iustitia auxiliorum contra foederatus, Leipzig 1685.

73 Christoph Lyncker (Präsident), Georg Gottlob Struve (Disputant): De Idiomate Imperiali, Jena 1687.

74 Georg Adam Struve (Präsident), Georg Gottlob Struve (Disputant): Disputatio Juridica De Vineis, Jena 1687.

75 Georgius Gottlob Struve: Dissertatio Inauguralis De Jure Torculorum, Straßburg 1688.

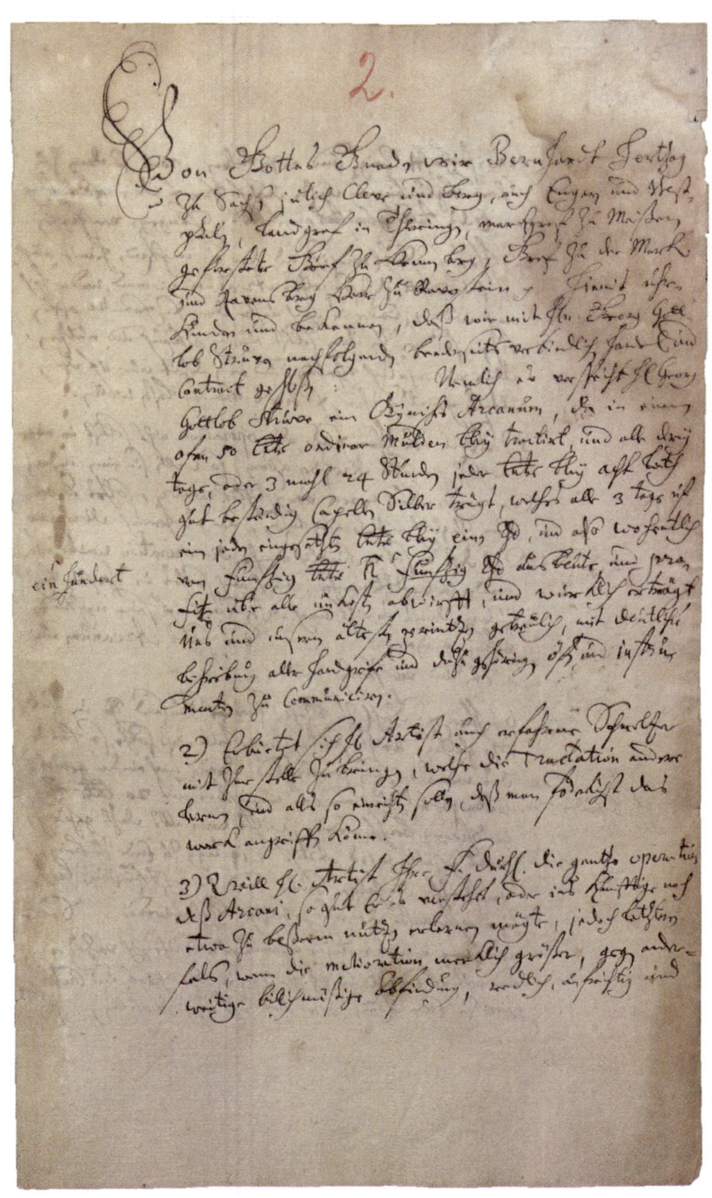

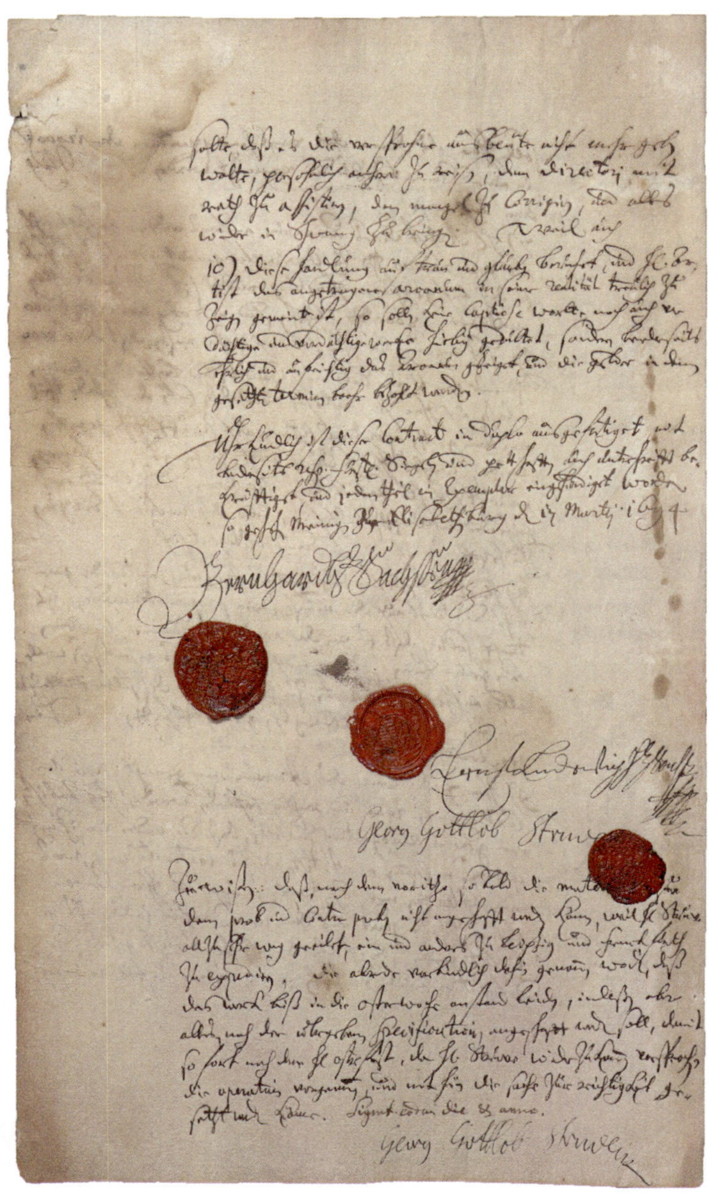

vorhergehende Doppelseite:
Abbildung 18: Erste und letzte Seite des Vertrages über ein alchemisches Werk zwischen Herzog Bernhard I. und seinem Sohn Ernst Ludwig von Sachsen-Meiningen sowie Georg Gottlob Struve, unterzeichnet in Meiningen am 17. März 1694. Quelle: Landesarchiv Thüringen – Staatsarchiv Meiningen

sind unsere Informationen dazu nur bruchstückhaft, aber trotzdem interessant: Im Oktober 1690 schloss Struve einen Contract über ein Partikularprozess ex Saturni, also aus Blei, mit Herzog Friedrich I. von Sachsen-Gotha-Altenburg in Gotha ab. Der Leibniz-Freund Johann Daniel Crafft (1624-1697) berichtete 1691 in zwei Briefen aus Gotha an den Universalgelehrten Gottfried Wilhelm Leibniz (1646-1712) nach Hannover von ihm als *„Licentiat Struve“* alias *„Sylvius“*.[76] Demnach experimentierte Struve in Leipzig zusammen mit Johann Jacob Spener (1669-1692), einem Sohn des berühmten pietistischen Theologen. Gemäß Crafft war Struve Mitte 1691 auch in Nordhausen zu finden. Dort hatte er wohl einen alchemischen Prozess erworben, um aus vier Pfund Blei eine Mark Silber herzustellen. Dieses Silber sollte zusätzlich noch ein Lot Gold enthalten. Eine Zeitlang hielt sich Georg Gottlob Struve dann *„als Chemiker und Alchymist im Dienste hoher Persönlichkeiten im Haag“*, also in Den Haag in den Niederlanden, auf.[77] Dort stieß sein vier Jahre jüngerer Bruder Burkhard Gotthelf Struve (1671-1738), später ein bekannter Historiker, als Gehilfe zu ihm. Im niederländischen Delft heiratete Georg Gottlob Struve, angeblich beider Rechte Doctor, er war aber nur Licentiat, am 4. November 1691 eine Holländerin. In dem Traueintrag wurde er als zum Hofstaat *„van syn Fürstelycher Graden van Würtinberch“* gehörig bezeichnet.[78] 1691 trat Georg Gottlob Struve noch einmal im juris-

76 Georg Wilhelm Leibniz: Sämtliche Schriften und Briefe, Reihe III, Band 5, 2003: Briefe von Johann Daniel Crafft an Leibniz vom 9.1.1691 aus Gotha, S. 18-23, 29.9.1691 aus Gotha, S. 189-191.

77 August Ritter von Eisenhart: Struve, Burkhard Gotthelf, in: Allgemeine Deutsche Biographie 36 (1893), S. 671-676 [Online-Version]; URL: https://www.deutsche-biographie.de/pnd100029973.html#adbcontent

78 Archiv Delft, Kirchenbücher Ehen, Ondertrouwboek Gerecht, 1687 augustus 3 – 1692, 106v: die Ehefrau hieß Anna Margaretha de Knobel Feltin.

tischen Zusammenhang auf, nämlich als Herausgeber eines juristischen Lehrbuches seines Vaters.[79] Nach dem Tod ihres Vaters 1692 und der „*Regelung der Hinterlassenschaftsangelegenheiten schloß sich*" Burkhard Gotthelf Struve „*seinem älteren Bruder*" Georg Gottlob Struve „*wieder an, der jetzt an verschiedenen kleinen deutschen Höfen wie Meiningen, Arnstadt, Kassel seinen Experimenten oblag*". Ihre Basis für diese Unternehmungen lag dabei wohl in Erfurt, der damals mit Abstand größten Stadt Thüringens, die zusammen mit ihrer Umgebung zum Erzstift Mainz (Kurmainz) gehörte.

In diesem Zusammenhang kamen die Struve-Brüder auch nach Meiningen. Erstmals sichtbar werden sie für uns durch einen Eintrag in Herzog Bernhards Schreib- und Notizkalender des Jahres 1694 am 17. Februar. An dieser Stelle wurden sie die „*Erffurdischen leutte so gewiße arcana haben*" genannt.[80] Diese fremdem „*Artisten*" wurden in Maßfeld, wo sich ja ein Laboratorium befand, untergebracht. Für Herzog Bernhard waren diese Artisten, also Künstler, erst einmal namenlose Personen, die aus Erfurt kamen. In Bernhards Kalender wird auch der Vertrag „*mit denen Erfordischen artisten*" erwähnt. Dieser Vertrag[81] wurde zwischen Georg Gottlob Struve und Herzog Bernhard am 17. März 1694 geschlossen. Darin verpflichtete sich Struve, eine „*chymische operation*" durchzuführen und zu lehren, bei der aus 50 Zentner Blei innerhalb von drei Tagen „*acht Loth gut beständiges Capellen Silber*" pro Zentner Blei erhalten werden. – Acht Lot Silber pro Zentner Blei, das heißt, die alten Einheiten umgerechnet, ca. 117 g Silber pro 46,7 kg Blei. Für den Gesamtansatz von 50 Zentnern, also heute rund 2,33 Tonnen Blei würden gut 5,8 kg Silber erhalten werden. Das wären 0,25 Ma% des eingesetzten Bleis, also gar nicht so viel. Da die „*chymische operation*" alle drei Tage immer wiederholt werden könnte, würde der „*profit*" gemäß Vertrag nach Abzug der Unkosten alle drei Tage einen Reichstaler pro Zentner eingesetztes Blei betragen. Bei kontinuierlicher Durchführung des Prozesses mit 50 Zentner Blei würde man also im Monat (als 10 mal 3 Tage gerechnet) einen

79 Georg Adam Struve: Observationes Criminales, Jena 1691.

80 Landesarchiv Thüringen – Staatsarchiv Meiningen, 4-11-2020, 3640, Bl. 16v.

81 Landesarchiv Thüringen – Staatsarchiv Meiningen, 4-11-2020, 1763, Bl. 5-6.

Gewinn von 500 Reichstaler erwirtschaften können; im Jahr wären das dann 6.000 Taler. Die Unkosten zur Einrichtung des chymischen Werkes würden am Beginn 800 Taler betragen und später mit 300 Taler laufenden Kosten pro Jahr zu Buche schlagen.

Struve sollte für das Arcanum „*Zwölff Tausend Reichßthaler, in guten Reichß Sorten*" erhalten, und zwar 6.000 Taler „*sobald das werck in seinen proben und contraproben richtig befunden*" und der Prozeß mit 20 Zentner Blei erfolgreich durchgeführt worden wäre. Die zweite Summe von 6.000 Talern sollte er zur Zeit der darauffolgenden Leipziger Ostermesse erhalten. Neben dieser aufgesplitteten Einmalzahlung sollte Struve außerdem über zwölf Jahre 10 % des Profits des Werkes bekommen. Struve war im Gegenzug dazu verpflichtet, in diesen zwölf Jahren bei Schwierigkeiten mit dem Werk zur Verfügung zu stehen „*und es dirigiren zu helffen*". Der Vertrag hielt weiterhin fest, dass, falls sein chymisches Werk nicht funktionieren würde, er keinen Anspruch auf Zahlung der genannten Summen hätte, sondern im Gegenteil die angefallenen Unkosten bezahlen müsste, und dafür „*mit seinen beweg- und unbeweglichen Güthern zu hafften*" hätte.

Ähnlich wie Partikularrezepte zur partiellen Umwandlung von Silber in Gold, waren solche zur teilweisen Transmutation von Blei in Silber recht populär in dieser Zeit. Der Grund war derselbe, so wie natürliche Silbervorkommen praktisch immer Gold enthalten, verhält es sich mit Silber in Bleivorkommen. „*Die Verbindung von Silber mit Bleierzen ist übrigens so allgemein, dass es kaum ein Bleierz geben dürfte, welches nicht Spuren von Silber enthält.*"[82] Wenn man den Silbergehalt im entsprechenden Bleierz nicht ordentlich bestimmt hatte, oder auch durch schwankende natürliche Silbergehalte konnte der Eindruck entstehen, man habe das Silber im Blei selbst erzeugt.

Zu Struves Bleiwerk: Das Rezept für einen „*bleiprocess mit kupfer*" aus Herzog Bernhards Sammlung arbeitet, genau wie von Struve vorgegeben, mit 50 Zentnern Blei und ergibt acht Lot Silber pro Zentner Blei.[83] Das wird also die entsprechende Rezeptur sein. Danach

82 Viebahn: Statistik, S. 750.

83 Landesarchiv Thüringen – Staatsarchiv Meiningen, 4-11-2020, 1763, Bl. 13.

werden die 50 Zentner Blei mit zehn Zentnern präprarierten Kupfers gemischt. Das Kupfer wird präpariert, indem man gekörntes Kupfer mit Schwefel abwechselnd schichtet und dann calciniert. Dabei wird Kupfer(II)-sulfid (CuS) entstehen. Die Mischung aus Blei und CuS wird erhitzt, man *„fänget an zu treiben"*, wie das Rezept sagt, und gibt dann nach und nach weitere fünf Zentner einer Mischung aus gleichen Teilen Salpeter (KNO_3) und Schwefel dazu. Nach dem *„Treiben"* wird *„reduziert"*. Dazu werden Kieselsteine (SiO_2), Schwefelkies (FeS_2) und Wascheisen (Fe) der Schmelze hinzugegeben und man *„setzt es durch den Stichofen"*. Das Resultat wird abgetrieben, wobei man eben die acht Lot Silber pro Zentner eingesetztes Blei erhalten würde. Auch dem schon erwähnten Johann Joachim Becher soll die Umwandlung von Blei in Silber gelungen sein, wie eine 1675 in Wien geprägte Medaille bezeugt.[84] Und auch in Bechers *Glückshafen* von 1682 findet man das Struve-Rezept bereits auf S. 662, hier sogar noch detaillierter.

Doch das war den Meininger Herzögen zu dieser Zeit noch nicht bekannt und zur Umsetzung des Vertrages kam es auch erst einmal nicht, weil, wie auch ein Zusatz am Ende des Vertrages aussagt, Struve direkt nach Vertragsabschluss eilig verreisen musste, da er in Leipzig und Frankfurt *„ein und anders ... zu expediren"* hatte. Zu Ostern, also um den 11. April 1694, wollte er zurück in Meiningen sein. Das findet sich auch in Bernhards Kalender wieder, in dem schon am 19. März, zwei Tage nach Vertragsabschluss, notiert wurde, dass *„die Erfurdischen artisten von Maßfeld nach Leipzig gereißet umb nach ostern wider her zu kommen und ihre probe zu thun in dem [Blei] processe"*.[85] Es ist schon erstaunlich, dass nach Michael Ludwig mit Struve nun auch der zweite Alchemist kurz nach Vertragsabschluss mit Erlaubnis des Herzogs sofort wieder aus Meiningen abreisen durfte. Ein wichtiger Unterschied war allerdings, dass es diesmal noch keine Anzahlung gegeben hatte. Am 10. April kamen daher tatsächlich einige dieser *„Artisten"*, allerdings ohne ihren Anführer Georg Gottlob Struve,

84 Henricus Adrianus Marie Snelders: Johann Joachim Becher und sein Gold-aus-Sand-Projekt, in: Gotthardt Frühsorge, Gerhard F. Strasser (Hsg.): Johann Joachim Becher (1635-1682), Wiesbaden 1993, S. 104-114.

85 Landesarchiv Thüringen – Staatsarchiv Meiningen, 4-11-2020, 3640, Bl. 26r.

aber mit dessen jüngerem Bruder, wieder nach Maßfeld zurück, wo sie dann auch mit der Arbeit an dem Bleiprozess begannen.

Der eigentliche Vertragspartner, Georg Gottlob Struve tauchte erst einmal nicht wieder in Meiningen auf, denn „*bald brach Unheil über den Alchymisten*“ Struve „*herein, er wurde einer Reihe unehrlicher Handlungen beschuldigt und gefangen gesetzt*“.[86] Gemäß Herzog Bernhards Kalender geschah das beim Grafen von Solms-Greifenstein in Hessen, etwa 150 km westlich von Meiningen, bei dem Georg Gottlob Struve offenbar aktiv geworden war, während seine anderen Erfurter Artisten inzwischen in Maßfeld ans Werk gegangen waren. Auch dazu finden wir einige Informationen in Bernhards Schreib- und Notizkalender, der für den 23. und 24. April 1694 berichtet, dass er „*früh nach Maßfeld gefahren*“, um dem Prozess beizuwohnen.[87] Abends kehrte er jeweils wieder ins nahegelegende Meiningen zurück. Am 25. April war man um drei Uhr morgens mit dem Abtreiben fertig. Später am selben Tag wurde der Prozess nach Meiningen transferiert, wo man in einer Ziegelhütte dafür extra einen Stichofen aufgebaut hatte. In der Meininger Stadtansicht von 1700 (siehe Abbildung 4) sieht man am linken Bildrand zwei Gebäude (18), die als „*Kalck und Ziegelhütten*“ bezeichnet wurden. Möglicherweise war es hier, wo man abends um 19 Uhr mit dem Durchsetzen durch den Stichofen begann. Es gibt dann noch drei Einträge in Bernhards Kalender, die vom Durchsetzen durch den Stichofen berichten, was dann offenbar am 8. Mai 1694 beendet war. Ob es erfolgreich war, steht dort nicht, aber das war es sicher auch nicht.

Am 18. Juni 1694 tauchte nämlich die Mutter der beiden Alchemisten Georg Gottlob und Burkhard Gotthelf Struve in Meiningen bei Herzog Bernhard auf.[88] Diese „*Susanna Struvin gebohrene Berlichin*“ (1647-1699) war eine ganz außerordentliche Frau, die, für ihre Zeit noch sehr selten, auch als Autorin eines Buches bekannt gewor-

86 August Ritter von Eisenhart: "Struve, Burkhard Gotthelf" in: Allgemeine Deutsche Biographie 36 (1893), S. 671-676 [Online-Version]; URL: https://www.deutsche-biographie.de/pnd100029973.html#adbcontent

87 Landesarchiv Thüringen – Staatsarchiv Meiningen, 4-11-2020, 3640, Bl. 36rv.

88 Landesarchiv Thüringen – Staatsarchiv Meiningen, 4-11-2020, 3640, Bl. 52r.

Abbildung 19: Porträt von Susanna Struve, geborene Berlich, der Mutter des Alchemisten Georg Gottlob Struve, die ihm und seinem Bruder zu Hilfe kam.
Quelle: Berlin, Staatsbibliothek zu Berlin – Preußischer Kulturbesitz, Handschriftenabteilung

Abbildung 19a : Die Hostienbüchse der Susanna Struve ist noch heute im Besitz der Evangelisch-Lutherischen Kirchengemeinde Jena.

den war. Dabei handelte es sich um die „*Geistliche Andachts-Perl*", die 1671 in Weimar erschienen war.[89] In diesem Buch hatte sie, eigentlich nur für ihre Familie verfasste „*Christliche Fest- und Sonntags Gedanken*" der Öffentlichkeit zugänglich gemacht. Letztendlich handelte es sich um eine etwa 800 Seiten dicke Schwarte mit Gebeten für nahezu jeden Anlass. Ein Porträt von Susanna Struve sehen wir in Abbildung 19.

Aber Susanna Struve war alles andere als eine weltabgewandte Frömmlerin, wie ihr Buch suggerieren könnte. Sie hatte sich nämlich sogar in der Goldgewinnung engagiert. Davon zeugt ein Privileg Herzog Wilhelm Ernsts von Sachsen-Weimar, das er ihr, nicht ihrem Mann, im Mai 1687 ausgestellt hatte. Sie erhielt im Gebiet von Sachsen-Jena, das zu dieser Zeit von Sachsen-Weimar vormundschaftlich regiert wurde, das Privileg „*des Goldwaschens in den Saalstrohm ... wie auch in andern in solchen Lande gelegenen Bächen und Flüssen*".[90] Wenn das Unternehmen der Gewinnung von Waschgold profitabel wäre, hätte sie 10 % der Erlöse an den Herzog zahlen müssen. Beim Goldwaschen aus Flusssanden handelte es sich zwar nicht um Alchemie, aber weit weg davon war das im damaligen Verständnis sicher auch nicht. Davon, dass Susanna Struve tatsächlich die Gewinnung von Saalgold betrieb, zeugt noch heute „*ein silbernes Hostienbüchschen*" (Abb. 19a) in der Jenaer Stadtkirche, in dessen Deckel ein Stück Saalgold mit einer entsprechenden Inschrift von „*Anno 1687*" eingelassen war, die besagte, dass sie „*dieses Golt aus der Saale waschen lassen*".[91]

Susanna Struves Sohn Burkhard Gotthelf Struve, der ja 1694 mit als Alchemist nach Meiningen gekommen war, hatte 1689 sogar zu juristischen Fragen rund um die Gewinnung von Waschgold bei seinem

89 Susanna Struvin: Geistliche Andachtsperl, Weimar 1671.

90 Friedrich Gottlieb Struve: Samlung und Rechtliche Erklärung unterschiedener teutschen Wörter und Redensarten, Hamburg 1748, S. 592-593.

91 Wilhelm Leo: Geschichtliche Nachrichten über die Gold- Wasch- und Bergwerks-Versuche in dem Fürstenthum Schwarzburg-Rudolstadt, Berg- und Hüttenmännische Zeitung 1 (1842), S. 837-843.

Vater an der Jenaer Universität disputiert.[92] Und es geht noch weiter. In einem Brief anlässlich der Promotion des zum Struve-Clan gehörigen Friedrich Christian Struve (1717-1780) hat Friedrich Hoffmann (1660-1742), 1678 bis 1681 Student in Jena und seit 1693 Medizinprofessor in Halle, 1739 kurz erwähnt, dass Susanna Struve, als ein seltener Fall beim sogenannten „*schwachen Geschlecht*", eine Kennerin der Chemie gewesen sei.[93] Ihr Sohn Ernst Gotthold Struve (1679-1759) hat 1715, als Arzt in der Uckermark tätig, ein alchemisches Buch veröffentlicht.[94] Ein weiterer ihrer Söhne, Friedrich Gottlieb Struve (1676-1752), sollte später, im Jahr 1717, als Professor an der Universität Jena den Vorsitz bei einer Disputation zum Thema „*Vom Recht der Alchymisterey*" führen.[95]

Doch zurück nach Meiningen. Dort sprach Susanna Struve im Juni 1694 mit dem Herzog einerseits über die Befreiung ihres Sohnes Georg Gottlob Struve in Greifenstein, andererseits auch über die Probleme mit dem Bleiwerk in Meiningen. Da man sich nicht einigen konnte, ließ der Herzog Burkhard Gotthelf Struve und einen weiteren Herrn, der offenbar auch zu den Erfurter Artisten gehörte, in Maßfeld gefangen setzen. Mutter Struve brachte in der Folge mit allerhand Mühe ausreichend Geld zusammen, um ihre Söhne auszulösen. Diese Vorgänge kann man auch teilweise aus dem zweiten Vertrag zwischen Herzog Bernhard und Georg Gottlob Struve vom Dezember 1694 herauslesen.[96] Denn der aus der Gefangenschaft in Greifenstein entlassene Georg Gottlob Struve tauchte wieder in Meiningen auf, um einen weiteren Alchemistenvertrag mit Herzog Bernhard abzuschließen. Seine Mutter hatte sich das sicher ganz anders vorgestellt. In dem

92 Burcard Gotthelff Struve: De Auro Fluviatili sive Von Wasch-Gold, Jena 1689.

93 Johann Ernst Basilius Wiedeburg: Beschreibung der Stadt Jena, Jena 1785, S. 76: „Uxor magni Struvii, Avia Tua, rariori sequioris sexus exemplo, sanioribus Chymiae praeceptis imbuta" = Die Frau des großen Struve, Deine Großmutter, ist ein seltenes Beispiel des schwächeren Geschlechts, da sie ihre Sinne mit den Regeln der Chemie benetzt.

94 Ernst Gotthold Struve: Paradoxum Chymicum Sine Igne, Jena 1715.

95 Friedrich Gottlieb Struve: Dissertatio Iuridica de Iure Alchymiae, Vom Recht der Alchymisterey, Jena 1717.

96 Landesarchiv Thüringen – Staatsarchiv Gotha, 2-13-0021, 5166, Bl. 101-103.

Vertrag wird in der Präambel ausgesagt, dass man mit Struve einen *„Contract betreffend ein gewisses Arcanum aus Bley mit Nuzen Silber zu bekommen geschloßen“*, aber *„wegen unverhofften Fatalitäten Struve verhindert worden, biß dato solches in den Effect darzuthun“*. Weil aber schon Unkosten von 900 Talern aufgelaufen waren, habe seine Mutter dafür gebürgt und bereits 280 Taler in bar und weitere 173 Taler durch Bürgschaften Dritter, also insgesamt 453 Taler bezahlt. Nun, im Dezember 1694, war Struve doch in Person wieder nach Meiningen gekommen und wollte neben seinem *„Bleywerck“*, welches im Vertrag vom März 1694 beschrieben war und im Winter nicht begonnen werden könne, noch ein sogenanntes *„Luna werck“* kommunizieren.

Für das Lunawerk, also wahrscheinlich die Umwandlung von Luna = Silber in Gold, sollte Struve erneut 12 000 Taler bekommen, diesmal allerdings ausschließlich aus dem Profit des Werkes. Der Herzog verpflichtete sich, die Kosten für die Proben und die Errichtung des Werkes im Großen zu tragen. In diesem Vertrag sicherte Georg Gottlob Struve dem Herzog auch zu, dass er *„hernach in bevorstehenden Frueling auch wegen des [Blei]ischen Werckes ... die versprochene Satisfaction geben werde.“*

Damit enden aber auch unsere Nachrichten rund um die Alchemistenbrüder Struve in Meiningen und Umgebung. Wir müssen jedoch davon ausgehen, dass sie im Jahr 1695 noch an den nun zwei Werken laboriert haben, dem Bleiwerk und dem Lunawerk, vermutlich erfolglos. Es scheint, dass es ihnen dann gelungen ist, irgendwie aus dem Herzogtum Sachsen-Meiningen zu entkommen. Möglicherweise hatte, so wird berichtet, Burkhard Gotthelf Struve seine wertvolle Büchersammlung verkauft, um die Schulden beim Meiningischen Herzogshaus begleichen und ausreisen zu können.

Während Burkhard Gotthelf Struve sich nun einem seriösen Beruf zuwandte und später ein berühmter Historiker wurde, blieb sein Bruder Georg Gottlob der Alchemie treu. Ab und an finden sich noch Spuren davon in der Literatur.

So wird ein *„Goldkoch Struve“* im Zusammenhang mit den berühmten Johann Kunckel (ca. 1630-1703) und Johann Friedrich Böttger (1682-1719) erwähnt. Kunckel war eigentlich Glasmacher und insbesondere für das Kunckelsche Rubinglas berühmt. Er war aber auch als eine Art Hofalchemist zuerst zwischen etwa 1670 und 1677 am kursächsischen Hof in Dresden und später um 1678 bis 1688 beim Großen Kurfürsten Friedrich Wilhelm von Brandenburg (1620-1688, Kurfürst seit 1640) im Berliner Raum tätig. Bei dessen Sohn und Nachfolger Kurfürst Friedrich III. (1657-1713), Kurfürst von Brandenburg seit 1688, erster König in Preußen seit 1701, war Kunckel dann allerdings in Ungnade gefallen. Johann Friedrich Böttger (1682-1719) hatte als Apothekergeselle in Berlin im Oktober 1701 eine Aufsehen erregende Transmutation von Silber in Gold vorgeführt, war dann nach Kursachsen geflohen, dort in Haft geraten und gehörte schlussendlich zum Team, das das europäische Porzellan erfunden hat.

Georg Gottlob Struve muss sich also auch im Berliner Raum aufgehalten haben, vermutlich etwa um 1700 herum. Es heißt beim Böttger-Biographen Engelhardt: „*Struve ... kam nach Berlin und fand da in dem bekannten Kunckel von Löwenstern einen unschätzbaren Freund und Theilnehmer seiner alchymistischen Träumereien.*“ Auch ein gewisser Ebers, ein Freund Böttgers, habe mit Struve in Berlin „*im Stillen*“ laboriert. Böttger habe zu dieser Zeit noch „*als eine Art Handlanger*“ mitgearbeitet.[97]

Der Alchemist „*Georg Gottlob von Strufen*“ tauchte noch 1727, mehr als 30 Jahre nach der Alchemieaffäre in Meiningen als nun schon etwa 60-jähriger Alchemist in Karlsruhe auf, wo er am 29. März 1727 einen Vertrag zur Goldherstellung mit Markgraf Karl III. Wilhelm von Baden-Durlach (1679-1738, Markgraf seit 1709) abschloss.[98] Etwa anderthalb Jahre später wurde „*Georg Gottlob von Strouven*“ nach einer Zwischenstation im Kinzigtal im zum katholischen Breisgau gehörigen Münstertal im Südschwarzwald aktiv, wo es am 3. September 1728 mit dem Benediktinerkloster St. Trudpert zu

97 Carl August Engelhardt: J. F. Böttger. Erfinder des Sächsischen Porzellans, Leipzig 1837, S. 5-6.

98 Petra Jungmayr: Markgraf Karl Wilhelm (1679 – 1738) und die Alchemie am Karlsruher Hof, Mitteilungen der Fachgruppe Geschichte der Chemie der GDCh 8 (1993), S. 21.

Abbildung 20: Das Kloster St. Trudpert im Südschwarzwald ist die letzte bekannte Station des Wanderalchemisten Georg Gottlob Struve.
Foto: Alexander Kraft, 2021.

einem Vertragsabschluss über die Goldgewinnung aus Schwefelkies kam.[99] Das Kloster, das auch einen Pater Bergdirector hatte, war ein großer Grundeigentümer im südlichen Schwarzwald und besaß auch die Berghoheit über die umliegenden Bergwerke. Abbildung 20 zeigt das Kloster St. Trudpert im Münstertal in seiner barocken Pracht, die auch heute noch bewundert werden kann. Nach dem Misslingen auch dieses Werkes floh Strouven Ende 1729 *„bei Nacht und Nebel"* aus dem Kloster. Wir haben es bei Struve also mit einem typischen betrügerischen Wanderalchemisten zu tun gehabt, der eben auch in Meiningen Station gemacht hatte. Immerhin hatte er sich hier nicht als Gold-, sondern „nur" als Silbermacher verdingt.

99 Markus Herbener: Wasser und Holz ist ebenmäßig in beeden Tälern genug, Beiträge zur Bergbau-, Forst- und Umweltgeschichte des Münstertals (Schwarzwald), In: Berichte der Naturforschenden Gesellschaft Freiburg im Breisgau 103 (2013), S. 1-42.

4.3.5. Der Hofalchemist Baron von Heydenab 1695–1709

Die für sie vielleicht wichtigste Persönlichkeit, die sowohl für Herzog Bernhard als auch für seinen Sohn Ernst Ludwig insgesamt etwa 14 Jahre, von 1695 bis 1709, im Zusammenhang mit ihren alchemischen Unternehmungen arbeitete, war der Baron Christoph Ferdinand von Heydenab,[100] den man als eine Art Hofalchemisten ansehen kann, auch wenn diese Bezeichnung an keiner Stelle auftaucht.

Die von Heydenabs sind laut Deutschem Adelslexikon ursprünglich ein *„altes, bayreuthisches Adelsgeschlecht"*.[101] Benannt haben sie sich vermutlich nach dem kleinen Dorf Haidenaab 19 km südwestlich von Bayreuth. Das Dorf liegt am gleichnamigen Flüsschen, das westlich von Bayreuth am Südrand des Fichtelgebirges entspringt und sich nach etwa 70 km mit der Waldnaab zur Naab vereinigt, einem der bekannteren Nebenflüsse der Donau. Das in Abbildung 21 dargestellte Wappen der von Heydenabs zeigt eine schwarze Radnaabe, somit handelt es sich um ein sogenanntes sprechendes Wappen.

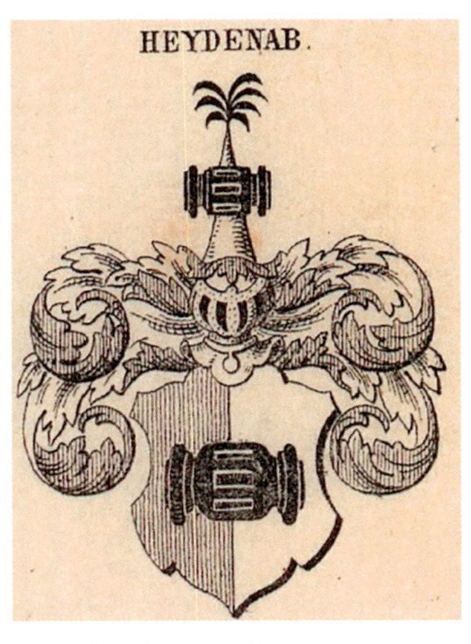

Abbildung 21: Das Wappen der fränkischen Ritterfamilie Heydenab. Quelle: Siebmacher's großes und allgemeines Wappenbuch, Bd. 3

100 Heydenab wurde auch als Heidenab, Heydenapp oder ähnlich geschrieben.

101 Ernst Heinrich Kneschke (Hsg.): Neues Allgemeines Deutsches Adelslexikon, 4. Band, Leipzig 1863, S. 361.

Der Vater des späteren Meininger Hofalchemisten war Johann Heinrich von Heydenab, ein Wachtmeister in herzoglich-württembergischen Diensten. Etwa 1666 war er nach München in kurbayerische Dienste gewechselt. 1669 konvertierte er auch zum katholischen Glauben. Sein Sohn Christoph Ferdinand von Heydenab, dessen Geburtsdatum und -ort unbekannt sind, besuchte in München die von den Jesuiten geleitete Schule im sogenannten Gregorihaus, eigentlich Seminarium Gregorianum. Er trat dann dem Theatinerorden in München bei. 1673 wurde er dort als Profess genannt, 1674 als Akolyth und 1677 wurde er erst als Diakon und dann als Priester erwähnt.[102] Von München ging Heydenab 1683 als Novize an das Augustinerchorherrenstift Dietramszell im Tölzer Land südlich von München. Dort kam es zu einem Eklat, infolgedessen er im März 1685 eine Vorladung zur Geistlichen Regierung in Freising „*wegen vorgekommener Exzesse*“ erhielt. Noch im selben Jahr verließ Christoph Ferdinand von Heydenab das Kloster Dietramszell. Was genau vorgefallen war, wissen wir nicht, aber vielleicht hatte er sich trotz Verbots allzu intensiv mit der Alchemie beschäftigt?

In der Folge muss er dann jedenfalls vom katholischen zum evangelischen Glaubensbekenntnis übergetreten sein. Er heiratete mit Susanna Sabine Lange eine Kaufmannstochter aus Hamburg, wurde in protestantischen deutschen Regionen aktiv und war zum Beispiel in hessischen und thüringischen Landen auf der Suche nach einer Anstellung als fürstlicher Hofalchemist. So sind zwei Briefe bekannt, die Heydenab Ende 1688 und Anfang 1689 von Sondershausen aus an Herzog Friedrich I. von Sachsen-Gotha-Altenburg geschrieben hatte, um bei ihm einige Zeit arbeiten zu können.[103] Sondershausen war zu diesem Zeitpunkt die Residenzstadt der thüringischen Grafschaft Schwarzburg-Sondershausen, die von Christian Wilhelm I. (1647-1721, Graf seit 1666) regiert wurde. Er und sein Bruder Anton Günther II. hatten die Grafschaft Schwarzburg-Sondershausen 1681 zwischen sich aufgeteilt, wodurch Anton Günther Graf von Schwarz-

102 Edgar Krausen: Das Augustinerchorherrenstift in Dietramszell, Germania Sacra, NF 24, Berlin 1988, S. 336.

103 Landesarchiv Thüringen – Staatsarchiv Gotha, 2-13-0021, 5143, Bl. 170-173.

burg-Sondershausen-Arnstadt wurde. Auf diesen Anton Günther werden wir später noch zurückkommen. – In seiner „*Supplique*“ vom Dezember 1688 bat Heydenab den Gothaer Herzog Friedrich I. ihm die Benutzung von „*dero wohl instruirtem Laboratorium*“ in Gotha für die Ausarbeitung eines Zinnoberprozesses für einen Monat oder auch für sechs Wochen zu gestatten. Er habe diesen Prozess an Hamburger Kaufleute verkauft und müsse diesen nun bewerkstelligen und nochmals untersuchen. Als Gegenleistung bot Heydenab dem Herzog an, ihm den Prozess zum halben Preis, den die Hamburger zahlen mussten, zu verkaufen. Dem Brief legte Heydenab sogar eine Vertragskopie mit den Hamburger Kaufleuten Michel und Caspar Heinz vom März 1688 bei. Aber trotz nochmaligen Nachfragens hatte Heydenab keinen Erfolg beim Gothaer Herzog.[104]

Gemäß dieses Vertrages sollte man aus einem Pfund Zinnober 12 Lot „*fein und beständig Capellen Silber*“ erhalten. Details des Prozesses wurden nicht genannt, aber da ein Pfund aus 24 Lot besteht, wären 50 % des Zinnobers in Silber umzuwandeln. Als Kaufsumme, die Schritt für Schritt zahlen wäre, sind 30 000 Reichstaler angegeben. Allerdings sollte die erste Teilzahlung von 10 000 Talern erst erfolgen, nachdem es drei erfolgreiche Proben gegeben hatte. Aus dem Schriftstück ergibt sich auch, dass die Proben bisher erfolglos waren und Heydenab den Auftrag hatte, den Prozess innerhalb von sechs Monaten zur Perfektion zu bringen.

Zinnober ist rotes Quecksilbersulfid HgS. Es wurde lange Zeit als rotes Pigment in der Malerei verwendet. Zinnober kommt in der Natur als Cinnabarit vor, kann aber auch chemisch aus Quecksilber und Schwefel hergestellt werden. Dazu wird eine Mischung der beiden Elemente in einem geschlossenen Gefäß bei einer Temperatur erhitzt, die oberhalb der Schmelztemperatur des Schwefels (115 °C), aber unterhalb der Siedetemperatur des Quecksilbers (357 °C) liegt. Der dadurch erhaltene Zinnober kann bei Temperaturen oberhalb 580 °C sublimiert werden. Bei weiterer Erwärmung bildet sich wieder elementares Quecksilber und der Schwefel raucht als Schwefeldioxid

104 Landesarchiv Thüringen – Staatsarchiv Gotha, 2-13-0021, 5137-5139, Bl. 85r-86r.

SO_2 ab. Die Umwandlung des flüssigen Metalls Quecksilber und des gelben Schwefels in eine rote Verbindung faszinierte die Alchemisten, da in ihrer Vorstellung der Stein der Weisen ja auch rot sein sollte.

Bei einem Aufenthalt in Wien erfuhr Gottfried Wilhelm Leibniz im April 1690 von einem Gesprächspartner namens Christian Holeysen, dem Sohn des Augsburger Münzmeisters, dass Ferdinand Heydenab aus einem Pfund Zinnober 15 Lot Silber ausbringen könne. Das würde heißen, dass er also jetzt schon 62,5 % des Zinnobers in Silber umwandeln könnte. Mit dem Goldgehalt des Silbers würde man alle Prozesskosten bezahlen können, so dass man das Silber quasi kostenlos erhalten könne. In Bechers *Glückshafen* sind ebenfalls 46 verschiedene „*Zinober-Arbeiten*" zu finden, darunter mehrere, bei denen goldhaltiges Silber erzeugt werden soll. – Der Hauptprozess von Heydenab sei aber ein Pulver, das er aus „*Mercurio und einer Schaarflechten Materi*", also einer schärflichen Materie, herstelle und welches, auf Silber getragen „*solte austräglich gold geben*". Er, Holeysen, habe diesen Prozess probiert, aber ohne Erfolg.[105] Auf diese Heydenabschen Pulver werden wir weiter unten noch zurückkommen.

Einige Zeit hatte Heydenab auch für Landgraf Friedrich II. von Hessen-Homburg[106] (1633-1708, Landgraf seit 1681) in Frankfurt am Main gearbeitet. Landgraf Friedrichs Interesse an der Alchemie ist insbesondere aus seinem Briefwechsel mit seinem Hofbaurat und auch Hofalchemisten Paul Andrich (1640-1711) bekannt, der für ihn an verschiedenen Orten alchemische Laboratorien betrieb und seinem Auftraggeber ausführlich über die Fortschritte berichtete.[107]

Baron von Heydenab wurde von Herzog Bernhard von Sachsen-Meiningen um 1695 zuerst als Berghauptmann in Schweina angestellt, das im meiningischen Bergbaurevier im Gericht Altenstein lag, arbeitete aber hauptsächlich alchemisch im Schweinaer Bergwerks-

105 Gottfried Wilhelm Leibniz, Sämtliche Schriften und Briefe, Mathematischer, naturwissenschaftlicher und technischer Briefwechsel, 4. Band, Juli 1683-1690, Berlin 1995, S. 503.

106 Hessen-Homburg war eine Sekundogenitur der Landgrafschaft Hessen-Darmstadt.

107 Heinrich Jacobi: Paul Andrich von 1640 bis 1711, in: Nassauische Lebensbilder, Band 2, Wiesbaden 1943, S. 124-139

Laboratorium, offenbar, weil es in Meiningen noch kein geeignetes alchemisches Laboratorium gab. In einem 1706, nach dem Tod Herzog Bernhards, an dessen Sohn und Nachfolger Ernst Ludwig geschriebenen Brief merkte Heydenab an, dass er „*Ihro Durchl.* [Ernst Ludwig] *lebens lang obligirt bin, dan Ihro Durchl. haben mich bey Ihro Durchl. Hertzog Bernharden Beatissime memoria, in die diensten gebracht*".[108] Also auch in diesem Fall der Anstellung eines Hofalchemisten war die Initiative von Erbprinz Ernst Ludwig und nicht von Herzog Bernhard ausgegangen.

In den ersten Jahren von Baron Heydenabs Beschäftigung in Meininger Diensten lebte seine Familie weiterhin in Frankfurt am Main, während er sich in Schweina aufhielt. Erst Mitte 1699 holte er sie nach Meiningen. Heydenab selbst war vorher von Schweina nach Meiningen übergesiedelt, wo nun offenbar auch ein geeignetes Laboratorium existierte. Briefe, die er ab Mai 1699 an Bernhard oder Ernst Ludwig sandte, waren nun in der Regel mit der Absenderangabe „*ex laboratorio*" versehen. Damit war das neue Meininger Alchemie-Laboratorium gemeint.

Das zeitweise hohe Ansehen des Barons Heydenabs bei der herzoglichen Familie zeigte sich auch darin, dass bei der Taufe seines Sohnes Ernst Wilhelm Anton von Heydenab am 25. Oktober 1701 in der Hofkirche Meiningen mit dem Erbprinzen Ernst Ludwig und seiner Halbschwester Wilhelmine Luise von Sachsen-Coburg-Meiningen (1686-1753) zwei Kinder von Herzog Bernhard als Taufpaten fungierten.[109] Im selben Jahr 1701 erhielt Baron von Heydenab auch das Prädikat eines Kammerjunkers.

Die insgesamt 33 erhaltenen Briefe von Baron Heydenab an die Meininger Herzöge, davon zehn an Bernhardt und 23 an Ernst Ludwig, drehten sich ganz wesentlich um die alchemischen Arbeiten, die er für die beiden Herzöge durchführte. Immer wieder eingestreut findet man aber auch Bitten um ausstehende Gehaltszahlungen, insbesondere in der ersten Zeit nach seiner Einstellung, nach Herzog

108 Landesarchiv Thüringen – Staatsarchiv Gotha, 2-13-0021, 5167, Bl. 22.
109 Kirchenbuch Hofkirche Meiningen 1692-1785, S. 21.

Bernhards Tod 1706 und nach Heydenabs Entlassung 1709. Laut Bestallung standen Baron Heydenab in Ernst Ludwigs Regierungszeit wöchentlich sechs Taler Gehalt zu,[110] was einem eigentlich recht guten Jahresgehalt von 312 Talern entspricht. Aber da er immer wieder sein Gehalt längere Zeit nicht ausgezahlt bekam, kam er zwischenzeitlich auch in ziemliche Schwierigkeiten. So schrieb er im August 1695 an Herzog Bernhard, es sei sein *„untertheniges Bitten, Ihro Durchl. wollen Gnädigst befehlen damit ich doch mechte meine quartals besoldung bekommen, so ich hoch nöthig"* habe.[111] Nachdem sich Heydenab Anfang 1699 etwas Geld für die Übersiedlung seiner Frau und Kinder aus Frankfurt am Main nach Meiningen geliehen hatte, wurde ihm das danach sofort von seiner Besoldung abgezogen, so dass er mehrere Monate keine Einkünfte hatte. Das brachte ihn so in Schwierigkeiten, dass er im August 1699 an Ernst Ludwig schrieb, er *„habe auch Ihro Durchl. unthertenigst wolle gebetten haben mir die Gnade zu thun unndt mir so viel senden, daß ich mir einen leib brod unndt ein baar kanen bier kan kauffen, ich muss sonsten crepiren, ich habe heit und gestern nichtß zu Essen gehabt"*.[112] Nachdem das geklärt war, beschwerte sich Heydenab im September 1699, dass er vom Silberdiener längere Zeit keine Kerzen mehr bekommen habe. Creutzberger habe *„alle wochen 7 Kertzen gehabt"*, er müsse *„offt 14 dags mit"* 7 Kerzen *„auß komen"*.[113] Wirklich eng wurde es für die Heydenabs nach Herzog Bernhards Tod 1706, als es wieder längere Zeit keine Gehaltszahlungen mehr gab. Davon zeugen mehrere Briefe. In einem schrieb Heydenab an den neuen Herzog Ernst Ludwig, er *„Berichte Ihro Durchl., wie daß ich schon in die 3 wochen sambt meinen armen Kindern keinen heller Empfangen, unndt in meinen hauß nichtß alß weinen unndt weklagen ist"*. Er fuhr fort, *„zu versetzen hab ich nichtß, auff credit giebt man mir nichtß, dan der credit ist alhier gestorben"*.[114] In dieser Zeit nahm Baron Heydenab auch Kontakt zu Graf Anton Günther in Arnstadt auf

110 Landesarchiv Thüringen – Staatsarchiv Gotha, 2-13-0021, 5167, Bl. 62.

111 Landesarchiv Thüringen – Staatsarchiv Meiningen, 4-11-2020, 1763, Bl. 32v.

112 Landesarchiv Thüringen – Staatsarchiv Gotha, 2-13-0021, 5167, Bl. 11r.

113 Landesarchiv Thüringen – Staatsarchiv Meiningen, 4-11-2020, 1763, Bl. 36v.

114 Landesarchiv Thüringen – Staatsarchiv Gotha, 2-13-0021, 5167, Bl. 27r.

und bot ihm an, nach Arnstadt zu kommen und für ihn zu arbeiten. Der Graf wollte das aber nur, wenn Herzog Ernst Ludwig ausdrücklich damit einverstanden war.[115] Dazu kam es also jetzt noch nicht. Nach einiger Zeit und mehreren weiteren Klagebriefen auch an die verantwortlichen Beamten in Meiningen war dann aber auch das geklärt und Heydenab wurde wieder vom Herzog bezahlt. Nach seiner Kündigung im Jahr 1709 gab es für den Baron von Heydenab erneut Probleme, an seine ihm noch zustehenden Zahlungen zu kommen, doch dazu weiter unten mehr.

Schauen wir nun erst einmal, was diese Briefe hinsichtlich der Alchemie zu bieten haben: In einem Schreiben vom 27. August 1695 an Herzog Bernhard teilte ihm Heydenab mit, er wolle dem Herzog alle seine Prozesse offenbaren, allerdings seien sie „*noch nit im grosen probiert worden, dahero ich nit versichern kan, ob sie richtig seindt*".[116] Auch werde es „*Ihro Durchl. wohl bekant sein, daß man offt einnen proces 3 unndt 4 mal macht, kombt alzeit reichlich herauß, daß 5te unndt 6te mal schier nichtß, so mir gar offt wiederfahren*". Deshalb sei es besser „*imer kleine gedult, unndt die sach recht hindersucht ... damit man kan halten, waß man verspricht*". Mit diesen Worten konnte erst einmal abwenden, dem Herzog seine Prozessvorschriften zusenden zu müssen. Aber auf Dauer kam er als fest angestellter Hofalchemist nicht umhin, seinem Dienstherrn mit vielversprechenden Rezepturen zu versorgen.

Schon in einem Brief vom 9. September 1695 folgten dann auch drei Prozessvorschriften.[117] Den großen Prozess habe er, Heydenab, noch nicht probiert, „*aber wohl Einß und anders darzu praeprariert*". Für diesen Prozess müsse man Schwefel in einer Pfanne zum Schmelzen bringen, dann müsse man entsprechend Salmiak, römischen Vitriol und Sulphuris Antimonii zugeben, das heißt Ammoniumchlorid NH_4Cl, Kupfersulfat $CuSO_4$ und einen aus Antimonsulfid präparierten Schwefel, und diese Mischung mit einem eisernen Spatel auf dem Feuer gut durchrühren und dann erkalten lassen. Die erhaltene Mas-

115 Landesarchiv Thüringen – Staatsarchiv Gotha, 2-13-0021, 5165, Bl. 301-302.

116 Landesarchiv Thüringen – Staatsarchiv Meiningen, 4-11-2020, 1763, Bl. 30-33.

117 Landesarchiv Thüringen – Staatsarchiv Meiningen, 4-11-2020, 1763, Bl. 34-35.

se sei danach wieder fein zu reiben und mit Branntkalk „*auß dem offen*“ zu versetzen. Diese Mixtur müsse in einem nur maximal zur Hälfte gefüllten Kolben mehrere Stunden mit immer stärkerem Feuer behandelt werden, „*so wird ein roteß öl wie menschen blut heriber*“ gehen. 16 Lot dieses Öls und 16 Lot dünn ausgeschlagenes „*fein silber*“ (= Luna) seien danach in Digestion zu setzen, „*bieß die luna zum kalch zerfressen ist*“. Wenn man danach die Flüssigkeit abtreiben und den zurückgebliebenen Feststoff scheiden würde, erhalte man 12 Lot Gold! Also aus 16 Lot = 312 g Silber wären ganze 12 Lot = 234 g zu Gold geworden, 75 % Elementumwandlung.

Sein kleiner Prozess, so Heydenab, bestehe im Folgenden: Man nehme 1,5 Pfund Schwefel, ein halbes Pfund Salpeter und „*4 lott Eisen Zinter oder hammer schlag gar klein gestosen*“. Das müsse man zusammenreiben und in einer Eisenpfanne auf ein Kohlenfeuer setzen. Wenn es heiß wäre, müsse man es anzünden, so dass es zu einer Verpuffung komme. Danach sei wieder Schwefel zuzugeben und dieser abzubrennen. Das muss man dann 15 (!) Mal wiederholen, „*alß dann iß eß fertig*“.

Die dritte Rezeptur schließlich beschreibt die Herstellung eines Öls, „*wie feur, unndt zu vielen, herlichen Sachen gutt*“. Dazu müsse man Weinstein calcinieren und mit Aquafort, also konzentrierter Salpetersäure übergießen, und danach dieses Aquafort wieder abdestillieren. Wenn man das dreimal wiederholt habe, wäre das Öl fertig.

Auch im weiteren Verlauf seiner Tätigkeit für die Meininger Herzöge lieferte Heydenab, wie wir weiter unten sehen werden, immer wieder neue Rezepturen. Aber hauptsächlich hatte er natürlich im Laboratorium Prozessvorschriften zu testen, die ihm seine Auftraggeber vorgaben. Das konnten Prozesse sein, die die Herzöge eingekauft, von Verwandten erhalten oder die sie in Rezeptsammlungen gefunden hatten. So sandte Herzog Bernhard am 24. Mai 1701 aus Coburg ein Rezept an seinen Sohn in Meiningen, das er aus einem Buch aus der Bibliothek seines verstorbenen Bruders abgeschrieben hatte. Ernst Ludwig solle „*dieses Werck wohl menagiren, und dem Heidenab die*

Beschreibung nicht weisen, doch aber durch Ihn es machen laßen".[118] Bei den allermeisten Prozessen, die von Baron von Heydenab und überhaupt in der Meininger Alchemie-Periode bearbeitet wurden, handelte es sich um Transmutationsprozesse von Metallen, mit denen man einfach viel Geld verdienen wollte. Nur wenige Prozesse fallen in den iatrochemischen, medizinischen Bereich. Neben dem in Kürze zu besprechenden Pulvis Sympatheticus war das insbesondere ein Aurum Potabile, ein Trinkgold, welches 1699 von Baron Heydenab verfertigt wurde.

Ein Rezept für dieses Aurum Potabile, an dem im Sommer 1699 gearbeitet wurde, konnte in den erhaltenen Archivalien nicht gefunden werden. Es ist nur klar, dass Baron Heydenab am 6. Juli 1699 „*zu dem Auro potabili ... einen doppelten duqaten oder vor 8 gilden Gold*"[119] erhielt. Ein doppelter Ducaten entspricht etwas weniger als sieben Gramm Gold. Aus den Unterlagen ergibt sich weiterhin, dass man versuchte, das Aurum potabile an den Landgrafen von Hessen-Homburg, an den König von Dänemark und nach Braunschweig-Wolfenbüttel zu verkaufen. Also auch in diesem Fall versuchte man mit dem alchemischen Produkt, der Wundermedizin Trinkgold, Geld zu verdienen. Bei dem Geschäft mit dem König von Dänemark ging es um eine Größenordnung von 50 000 Reichstalern.

Von Baron Heydenab erhielt Herzog Bernhard im Dezember 1700 eine Vorschrift zur Herstellung des Lapidis philosophorum nach Basilius Valentinus[120] und kurz danach, im Januar 1701, einen Processus Pulvis Sympatheticus.[121]

Der vermeintliche Basilius-Valentinus-Prozess gehört, wie Claus Priesner gezeigt hat, nicht zum bekannten Corpus der Basilius-Valentinus-Schriften.[122] Aber wer war eigentlich Basilius Valentinus? Das ist eine Kunstfigur, die vermutlich von Johann Thölde (ca. 1565-ca. 1614), dem Herausgeber vieler Basilius-Valentinus-Schriften, um

118 Landesarchiv Thüringen – Staatsarchiv Gotha, 2-13-0021, 5165, Bl. 199.
119 Landesarchiv Thüringen – Staatsarchiv Meiningen, 4-11-2020, XVII B1, Bl. 93.
120 Landesarchiv Thüringen – Staatsarchiv Gotha, 2-13-0021, 5165, Bl. 132-134.
121 Landesarchiv Thüringen – Staatsarchiv Gotha, 2-13-0021, 5165, Bl. 135rv.
122 Priesner: Der Alchemist, S. 61-66.

Aurum Potabile

Trinkbares Gold, Trinkgold: Gold war für die Alchemisten das vollkommene Metall, daher die Annahme, gelöstes Gold sei ein unübertreffliches Heilmittel, das Elixir

- aber: Gold, König der Metalle, ist schwer auflösbar, möglich ist es z. B. durch Königswasser, ein stark ätzendes Säuregemisch: Goldchlorid $AuCl_3$ ($AuCl_3 + HCl \rightarrow H^+ + AuCl_4^-$) gelöst in chloridhaltiger Salpetersäure ($HNO_3 + Cl^-$), ist nicht trinkbar, wenn es neutralisiert wird = trinkbar gemacht wird, fällt Gold sehr leicht wieder aus, auch beim Extrahieren mit Spiritus vini geht kein Gold in den Ethanol über

- wahrscheinlich enthielten viele Aurum-potabile-Elixire, wie die berühmte Essentia Dulcis des Hallischen Waisenhauses, gar kein Gold mehr

- Alchemisten, die das wussten, gaben an, dass zwar kein Gold, aber die Quintessenz des Goldes im Aurum potabile enthalten sei.

1600 geschaffen wurde. Thölde war Pfannenherr und Kämmerer im thüringischen Frankenhausen am Kyffhäuser. Die Legendenbildung machte aus Basilius Valentinus einen Benediktinermönch, der im 15. Jahrhundert im Peterskloster von Erfurt lebte und wirkte und dort auch seine alchemischen Aufzeichnungen versteckte. Diese seien über einhundert Jahre später gefunden und nach und nach veröffentlicht worden.[123] Abbildung 22 zeigt ein Fantasieporträt des Basilius Valentinus aus einem ihm zugeschriebenen Manuskript mit dem Titel *Schola Veritatis*, also „Schule der Wahrheit". Die im Hintergrund abgebildeten Kirchtürme sollen sicher die heute nicht mehr existierenden Türme der Peterskirche auf der Erfurter Petersberg darstellen. Der zweiköpfige rote Drache in der großen Phiole symbolisiert in diesem Fall den Stein der Weisen, das Universal.

Heydenabs Basilius-Valentinus-Prozess beschreibt im Kern, dass man in der Vorarbeit hochgereinigtes, pulverisiertes Gold (ein Lot) in ebenso hochgereinigtem Quecksilber (5 Lot) auflöst. Das dadurch erhaltene Gold-Quecksilber-Amalgam wird dann in der Nacharbeit in einem Glas in einen Ofen gesetzt und ohne Unterbrechung bei unterschiedlichen, schrittweise immer höheren Temperaturen gehalten, insgesamt etwa 190 Tage (und Nächte) lang. Man würde dann verschiedene Farben nacheinander sehen, zuerst die Goldfarbe, dann würde das Amalgam eine schwarze Farbe annehmen, nach 42 Tagen würde die Färbung ins Metallische umschlagen, nach weiteren 20 Tagen wird die Mischung im Glas dann „*ganß schön Weiß und Klahr*". Nach 40 Tagen andauernder Weiße erscheint der „*Pfauenschwantz*" mit „*mancherley Farben alß man kaum erdencken kann*". Dem folgt die Gelbe für 44 Tage gefolgt von einem noch unperfekten Rot für 42 Tage. Dann ist die „*Sanguinische Farbe*", also die Blutfarbe, erreicht. Nach weiteren drei Tagen mit dem stärksten Feuer sei die Tinktur fertig. Auch Transmutationen von Kupfer, Blei oder Zinn wurden beschrieben. So könne man mit fünf Lot (ca. 97 g) des Pulvers 40 Mark

123 Zu Basilius Valentinus siehe z. B. Gerhard Görmar: Fratris Basilii Valentini Benedictiner Ordens V Letzte Bücher, welche sindt sein letztes Testament – Ein bisher unbeachtetes Manuskript in der Universitätsbibliothek Leipzig, Sudhoffs Archiv 103 (2019), S. 26-54.

Abbildung 22: Fantasieporträt des Basilius Valentinus, der vorgeblich im Peterskloster in Erfurt als alchemietreibender Mönch gelebt und dort seine umfangreichen alchemischen Manuskripte versteckt haben soll.
Quelle: Staats- und Universitätsbibliothek Hamburg

(ca. 9,36 kg) Kupfer in Gold verwandeln, „*beßer als das gemüntzete Gold in Ungarn*".

Heydenab hatte in seinem Begleitschreiben zur Rezeptur, gesandt von Meiningen nach Coburg, dem Herzog geschrieben, dass sein guter Freund die Rezeptur schon dreimal erfolgreich probiert habe. Er, Heydenab, habe im Zusammenhang mit der Basilius-Valentinus-Tinktur Kosten von 300 Talern gehabt und er bitte den Herzog, ihm die Hälfte dieser Kosten zu bezahlen. Im Gegenzug bot er an, dem Herzog mit einer „*gutten portion der schon gemachten tinctur unterthenigst auff zu wartten*". Priesner nannte den Brief in seiner Studie „*ziemlich kühn*", da Heydenab ja, wenn die Tinktur funktionieren würde, gar keinen Geldbedarf mehr haben würde. Als Baron Heydenab Anfang Februar 1701 persönlich nach Coburg kam und dem Herzog erläuterte, dass es sich um den trockenen Weg des „*Basilij*" handele, ermahnte ihn Herzog Bernhard „*ernstlich*", dieses Werk geheim zu halten.[124]

Der Processus Pulvis Sympatheticus von Baron Heydenab gleicht im Grunde dem weiter vorn besprochenen aus den alchemischen Handschriften in Herzog Bernhards Besitz, ist im Detail aber doch etwas verschieden. So gab Heydenab an, dass man ein halbes Pfund ungarisches Vitriol, „*einen halben Schoppen ... gemein Saltz*", also Kochsalz NaCl, sowie „*eine halbe Fensterscheibe*", welche schon in einer Wohnstube gebraucht worden war (!), klein stoßen und vermischen müsse. Also Vitriol, Eisensulfat, ist der Grundbestandteil beider Pulvis-Symphatheticus-Varianten. Anstatt Traganth werden bei Heydenab Kochsalz und Fensterglas (Mischung aus Siliziumdioxid SiO_2 mit unterschiedlichen Mengen aus Natrium-, Kalium- und Calciumoxiden) eingesetzt.

Der Pulvis Sympatheticus des Barons sollte eine ähnliche Fernwirkung haben, wie wir sie im obigen Rezept kennengelernt haben. Wenn man den Urin eines Patienten mit dem Pulvis vermischen und auf einen warmen Ofen stellen würde, würde der Patient anfangen zu schwitzen, nähme man den Pulvis mit dem Urin vom Ofen, würde

124 Landesarchiv Thüringen – Staatsarchiv Gotha, 2-13-0021, 5165, Bl. 179rv.

Abbildung 23: Würfelförmige Pyrit-Kristalle aus den unterkarbonischen Dachschiefern von Lehesten im Thüringischen Schiefergebirge sind selten so gut erhalten. Sie sind in der Regel in so genannten „Kieskälbern" konzentriert. Pyrit wird auch Schwefelkies oder „Katzengold" genannt. Das „Gold des kleinen Mannes" enthält natürlich kein Gold, sondern ist ein Schwefelsulfid. Es ist das häufigste sulfidische Mineral.
Quelle: Naturhistorisches Museum Schloss Bertholdsburg Schleusingen

der Patient nicht mehr schwitzen. Aus heutiger Sicht ist das natürlich abstrus. In einem Brief an Herzog Bernhard behauptete Baron Heydenab, dass er mit diesem Pulver „*schon viel Leute habe geholffen, die sehr geferlich krankh waren*", darunter dem Bauinspektor der Elisabethenburg Samuel Rust.[125]

Der wichtigste Prozess des Barons Heydenab war aber ein mysteriöses Schwefelkies-Pulver, von dem wir ab Mitte 1699 immer wieder lesen können. Es sollte ein Mittel sein, um Silber teilweise in Gold zu transmutieren. Bernhard und Ernst Ludwig hielten zeitweise große

125 Landesarchiv Thüringen – Staatsarchiv Meiningen, 4-11-2020, 1763, Bl. 44, 46

Stücke auf das Pulver und versuchten durch seinen Verkauf an auswärtige Alchemisten damit viel Geld zu verdienen.

Unter Schwefelkies verstand man in der Regel ein Eisensulfid FeS_2 enthaltendes Mineral, das oft gelblich glänzende Kristalle bildete. Daher nahm man wohl fälschlicherweise an, dass es eine Vorstufe zum Gold sein könnte. Abbildung 23 zeigt ein besonders schönes Schwefelkies-Exemplar aus dem Naturhistorischen Museum Schloss Bertholdsburg in Schleusingen. Bezüglich dieses Schwefelkies-Pulvers schrieb Ernst Ludwig am 14. September 1699 an Bernhard: „*Herr Heidenap ... hat vor einigen Tagen eine Probe mit 3 Loth Silber und dem Pulver aus den Schwefel Kiesen gemacht da er dann einen [Gold] Kalck von 2 und 3/4 Ducaten bekommen, welches auf dem Strich dem schönsten Ducaten Gold geglichen, als er es aber in ein Korn geschmeltzt auf der Capelle wollen laßen gehen ist es wieder weiß worden, er glaubet aber, er habe nicht genug feuer ihm gegeben und hat es noch einmahl eingesetzt, davon der event zu erwarten, doch glaube das es guten effect haben werde.*" Demnach hatte Heydenab aus den drei Lot Silber (= 58,44 g) mit Hilfe seines Prozesses 2,75 Ducaten (= 9,6 g) Gold hergestellt. Das wäre eine Umwandlung von 16,4 Masse% des Silbers in Gold. Aber offenbar sah es nur aus wie Gold, denn auf der „Capelle" war es wieder weiß geworden, also es war immer noch Silber, das vielleicht nur so verunreinigt war, dass die Oberfläche goldfarben aussah.

Heydenab laborierte lange weiter an dem Pulver und dass die Herzöge dann langsam unruhig wurden, erkennt man aus einer Bemerkung in einem Brief von Bernhard an Ernst Ludwig vom 20. Januar 1700, in dem er u. a. schrieb: „*Unser laboratorium vergeße Dhl nicht zue visitiren und den Heydenab anzutreiben damit mit Seinem Pulver einmahl möge ein Ende gemachet werden, damit man zur großen probe schreitten köntte.*"[126] Vier Monate später, am 29. Mai 1700 konnte Heydenab an Herzog Bernhard melden: „*berichte auch Ihro Durchl. daß ich 2 centner unndt ettliche Pfundt Pulver vor den Graffen von Arrenstat auff befehl Ihro Durchl. deß Printzenß verfertiget habe, wird also zu gliecklicher Ankomftt Ihro Durchl. deß Printzenß gleich nacher Arrenstat*

126 Landesarchiv Thüringen – Staatsarchiv Gotha, 2-13-0021, 5165, Bl. 178.

abgesendet werden. verlangt mich sehr zu hören wie eß sich wird inß grose wird tractieren lassen.“[127] Die beiden Herzöge versuchten das Heydenabsche Schwefelkies-Pulver-Rezept teuer zu verkaufen, zum Beispiel wurde dafür ein Preis von 80 000 Talern aufgerufen, obwohl das Pulver nie einen Test bestehen konnte. Kleine Goldmengen, die gelegentlich gefunden wurden, waren wahrscheinlich von vornherein im eingesetzten Silber vorhanden gewesen.

Dass die alchemischen Laborarbeiten nicht ganz ungefährlich waren, geht aus einem Brief Heydenabs an Herzog Bernhard aus dem Dezember 1702 hervor, in dem er von einem Laborunfall berichtete: „*... in deme ich mich in dem rechten beyne zimlich gebrant habe, in deme ich den tiegel wolte aufßheben, so bekame der selbe ein loch undt lieff mir die gliende Materi auff den Fueß, daß ich kaum auff dem fueß stehen kan.*“[128] Und das man als Hofalchemist nicht unbedingt die Achtung seiner Mitmenschen genoss, kann man aus folgender Bemerkung in einem von Heydenabs Briefen an Ernst Ludwig schlussfolgern. Er schrieb nämlich im August 1706: „*... waß ich aber die Zeit hier vor schimff verachtung unndt spott reden habe leiden missen ist Gott bekant, hab doch alles mit gedult ertragen.*“[129] Im Rahmen der Affäre Dorothea Juliana Wallich wurde Baron Heydenab im Jahr 1709 von Herzog Ernst Ludwig schließlich entlassen. Doch dazu später.

4.3.6. Die Affäre Paul Creutzberger 1698–1699

Eine Meininger Stadtchronik berichtete im Jahr 1698: „*In diesem Jahre hielt sich Prinz Ernst Ludwig lange Zeit am Kaiserlichen Hof in Wien auf.*“[130] Im Mai 1698 schloss Prinz Ernst Ludwig von Sachsen-Meiningen dort mit dem aus Ischl in Oberösterreich stammenden Alchemisten Paul Creutzberger einen Vertrag über ein alchemisches Werk ab. Paul Creutzberger verpflichtete sich in diesem Vertrag, mit seiner Familie nach Meiningen zu kommen und dort innerhalb von drei Jah-

127 Landesarchiv Thüringen – Staatsarchiv Meiningen, 4-11-2020, 1763, Bl. 44-46.

128 Landesarchiv Thüringen – Staatsarchiv Meiningen, 4-11-2020, 1763, Bl. 50.

129 Landesarchiv Thüringen – Staatsarchiv Gotha, 2-13-0021, 5167, Bl. 22v

130 Anon.: Chronik der Stadt Meiningen v. 1676 bis 1834, 1.Teil, Meiningen 1834, S. 45.

ren das sogenannte Universal auszuarbeiten, „*welches alle Metalle in Gold tingieren*“ kann.[131] Dafür sollte er 1 000 Dukaten und zwei Gläser gefüllt mit dem Universal für seinen eigenen Gebrauch erhalten. Außerdem sollte Creutzberger innerhalb von sechs Monaten ein Partikular herstellen, mit dem „*auß dem Pfund Mercurio fünff loth guldisch Silber gebracht*“ werden können, also aus etwa 467 g Quecksilber 75 g goldhaltiges Silber, was 16 Masse% Elementumwandlung Quecksilber in Silber entsprechen würde. Für dieses Partikular sollte er 1 000 Reichstaler bekommen. Da die Summen erst nach erfolgreicher Präsentation des Universals beziehungsweise des Partikulars fällig waren, wurden Creutzberger für die Zeit bis dahin 500 Gulden versprochen, die Schritt für Schritt zu zahlen waren. Die ersten 200 Gulden davon erhielt Creutzberger schon einen Tag nach Vertragsabschluss noch in Wien.

Den Universalprozess von Paul Creutzberger, den „*Processus Universalis ex Antimonii*“, gibt es in den überlieferten Akten in einer Kurz- und in einer Langform. Im Kern wird aber in beiden Fällen dasselbe beschrieben. Dieser Prozess kann in Vor- und Nacharbeit eingeteilt werden. Bei der Vorarbeit wird das Antimon, eigentlich Antimonsulfid Sb_2S_3, in einem „*Eisernen Mörsel*“ klein gestoßen und in einen keramischen Destillierkrug gegeben. Darauf kommt ein gläserner Helm und dann wird unter dem Krug Feuer gemacht, erst gelind, später stärker, bis im Helm rote Dämpfe zu sehen sind. In der Vorlage, die von Creutzberger „*Ochsenkopf*“ genannt wurde, sammelt sich dabei ein Spiritus oder „*Berg Essig*“, so die Vorschrift. Wichtig ist, dass die Übergänge zwischen Destillierkrug, Helm und Vorlage gut verlutiert sind, so dass keine Dämpfe aus dem System entweichen können. Von dem erhaltenen Spiritus füllt man ein Lot (= 14,6 g) in ein Philosophisches Ei und setzt es für die Nacharbeit in den Ofen in warme Asche. Der Spiritus muss dann so lange kochen, bis „*der Spiritus durch alle farben geht und fix wirt und schneeweiß wirt*“.[132] Durch alle Farben gehen ist ein Ausdruck dafür, dass, wie oben beschrieben, nacheinander

131 Landesarchiv Thüringen – Staatsarchiv Gotha, 2-13-0021, 5166, Bl. 104-105.
132 Landesarchiv Thüringen – Staatsarchiv Gotha, 2-13-0021, 5166, Bl. 106-107.

verschiedene Farben auftreten. Fix werden bedeutet, dass die Flüssigkeit fest wird und dann am Ende eben weiß. Es soll also ein weißer Feststoff aus dem Spiritus entstehen. Dann wird zur Multiplikation geschritten. Dazu werden ein Lot des weißen „*Corpus*“ und ein halbes Lot des Spiritus aus der Vorarbeit zusammengegeben und wieder hermetisch verschlossen in den Ofen gesetzt. Diese Multiplikation wird siebenmal wiederholt. Zeiten werden in der Prozessvorschrift nicht genannt, aber die im Vertrag festgelegten drei Jahre zur Ausarbeitung des Universals lassen darauf schließen, dass für die Nacharbeit weit über zwei Jahre benötigt werden. Abbildung 24 zeigt eine Skizze der für Creutzbergers Universal notwendigen Laborgerätschaften, die

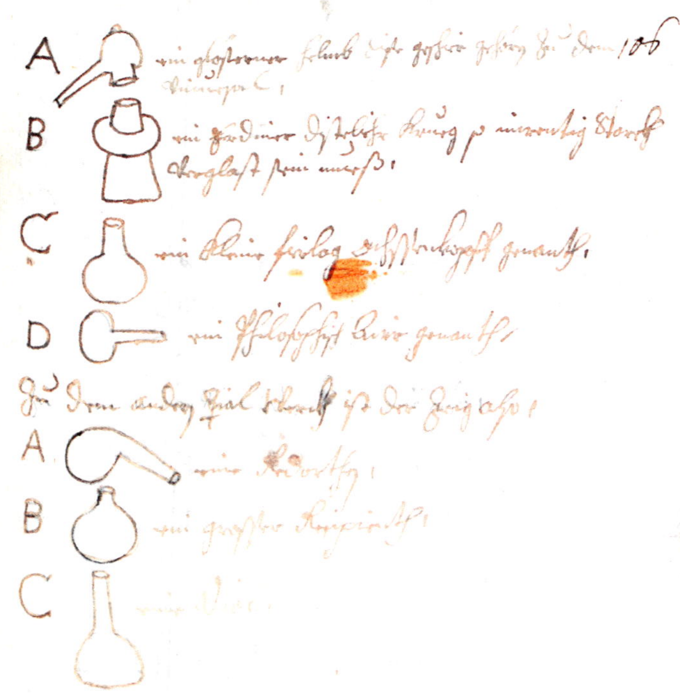

Abbildung 24: Skizzen alchemischer Laborgeräte zur Ausarbeitung von Creutzbergers Universal. Quelle: Landesarchiv Thüringen – Staatsarchiv Gotha

wahrscheinlich eigenhändig von Paul Creutzberger stammt.

Erstaunlich ist bei dieser Rezeptur, dass einfach nur das damals Antimon genannte Antimonsulfiderz verwendet werden sollte, ohne jede Zugabe anderer Stoffe. Auch in Bechers *Glückshafen* findet sich unter den 31 „*Antimonial-Arbeiten*" keine solche Vorschrift. Dort wird immer mit Zugabe von Stoffen wie zum Beispiel Eisen, Salpeter, Sal Tartari, Schwefel, Zinn und/oder etlichen anderen Substanzen gearbeitet.

In einem Brief aus Wien vom 20. Juni 1698 berichtete Ernst Ludwig an seinen Vater, dass der Obriste Damm „*einen Mann von hir mit genommen, der in Medicinalischen und chymischen Dingen sehr gute wißenschafften hat, und welcher zugleich intentionirt von der Catolischen zur Luterischen religion zu wechseln*".[133] Obwohl kein Name genannt wird, gehe ich davon aus, dass es sich dabei um Paul Creutzberger handelte, der mit von Damm aus Wien nach Meiningen reiste. Ernst Ludwig merkte in dem Brief noch an, dass die Sache geheim zu halten sei, weil es ihm ansonsten in Wien „*großen Verdruss verursachen dörffte*". Ob Creutzberger bei seiner Reise auch gleich Frau und Kinder, die im Vertrag ja extra erwähnt wurden, mitgenommen hat, erschließt sich aus dem Brief Ernst Ludwigs nicht.

Spätestens im Oktober 1698 finden wir Creutzberger auch aktenmäßig verzeichnet in der Werrastadt. Im Zusammenhang mit seinem Universalwerk kam es offenbar auch zum Bau eines Laboratoriums in Meiningen selbst, so dass nicht mehr in Maßfeld oder Schweina gearbeitet werden musste. Mehrere in einer Schlossbauakte erhaltene Rechnungen belegen Baumaßnahmen an diesem Laboratorium, in dem ausdrücklich Creutzberger arbeitete. Diese stammen vom 3. Dezember 1698 und 28. Januar 1699 für Schlosserarbeiten, für die Zeit zwischen 2. Januar 1699 und 4. Februar 1699 für Tagelöhnerarbeiten und für Ausstattungsgegenstände vom 4. Februar und 6. März 1699.[134] Zwei erhaltene Quittungen belegen aber weitere kleine Zahlungen auch direkt an Creutzberger: Am 21. Oktober 1698 erhielt er 20 Gul-

133 Landesarchiv Thüringen – Staatsarchiv Meiningen, 4-11-2020, 3593, Bl. 257-262.

134 Landesarchiv Thüringen – Staatsarchiv Meiningen, 4-11-2020, XVII B1, Bl. 60, 68, 70, 78, 92.

den[135] und am 9. Februar 1699 wurden ihm noch einmal ein Gulden und acht gute Groschen zur Bezahlung von Balbierer und Wäscherin ausgezahlt.[136]

Ein „*Diarium Chymicum*" von der Hand Ernst Ludwigs belegt den Beginn der Arbeit an Creutzbergers Universalprozess für den 12. Januar 1699.[137] Aber schon im April 1699 starb Paul Creutzberger ganz plötzlich in Meiningen. Er wurde am 28. April dort auch begraben.[138] Damit hatte sich die Affäre Paul Creutzberger aber nicht erledigt, denn man arbeitete weiter an Creutzbergers Antimonprozess, von dem die beiden Meininger Herzöge offenbar sehr viel hielten. Aufzeichnungen über diesbezügliche Experimente, die zum Teil von Ernst Ludwig selbst, zum Teil vom Hofalchemisten Heydenab durchgeführt wurden, haben sich aus den Jahren 1699 bis 1701 erhalten.

Da schon die Nacharbeit vor der Multiplikation unerwartet lange dauerte, erkundigte sich Ernst Ludwig Anfang 1701 bei verschiedenen auswärtigen Alchemie-Experten, „*ob dem werck nicht könte geholfen werden*". Er vermutete, Creutzberger habe ihm „*etwas hinterhalten und nicht alles gäntzlich angezeiget*". Bei diesen Experten handelte es sich um einen „*Herrn Schmahl*", der mit Creutzberger persönlich bekannt gewesen war und auch Creutzbergers Prozess schon „*elaborirет*", sowie den Doctor Marquard von Reichenbach aus Düsseldorf, der dort für Kurfürst Johann Wilhelm von der Pfalz (1658-1716) tätig war. Diese Experten empfahlen bestimmte Veränderungen an Creutzbergers Prozessvorschrift, zum Beispiel müsse man „*die Flores [Sulphuris] [Antimoni] so sich im Helm gelb und roth ansetzen*", abschaben, trocknen, fein reiben und im weiteren Prozessverlauf wieder mit einsetzen.[139] Aufgrund dieser Informationen wurde der Prozess dann noch einmal neu gestartet. Aus zwei Briefen von Herzog Bernhard aus Coburg an seinen Sohn in Meiningen können wir schlie-

135 Landesarchiv Thüringen – Staatsarchiv Meiningen, 4-11-2020, XVII B1, Bl. 56.

136 Landesarchiv Thüringen – Staatsarchiv Meiningen, 4-11-2020, XVII B1, Bl. 71.

137 Landesarchiv Thüringen – Staatsarchiv Gotha, 2-13-0021, 5166, Bl. 9.

138 Kirchenbuch Hofkirche Meiningen 1692-1785, S. 707, für 1699: „Den 28. April ist H. Paul Creutzberger von Ischel auß Östreich begraben worden."

139 Landesarchiv Thüringen – Staatsarchiv Gotha, 2-13-0021, 5166, Bl. 7-8.

ßen, dass Obrist von Damm deshalb Anfang 1701 zum Kauf der für Creutzbergers Universalwerk notwendigen Minera Antimonii, *„deß allerbesten [Antimoni] Hungarica*", nach Nürnberg geschickt wurde. Am 25. April 1701 traf von Damm mit dem Antimon von Nürnberg wieder in Coburg ein[140] und brachte das *„Faßlein*" danach weiter nach Meiningen.[141] Weitere Laboraufzeichnungen Ernst Ludwigs belegen die erneute modifizierte Durchführung von Creutzbergers Prozess im Jahr 1701 bis hin in den Dezember. Die entsprechenden Gläser der Nacharbeit standen dann, inklusive ihrer Multiplikation, zum Teil mehrere Jahre in den Öfen im Laboratorio.

Und wieder war Herzog Bernhard so von einem Erfolg überzeugt, dass er erneut eine Urkunde ausfertigte, bei der er den zu erwartenden Gewinn schon einmal im Vorfeld verteilte. In diesem Dokument vom 2. November 1700 finden wir noch mehr Begünstigte als bei dem ersten derartigen Schriftstück von 1693. Neben der Besoldung von 12 geistlichen Personen, der Finanzierung einer Hofkapelle und dem Bau und der Unterhaltung eines *„Weysen-, Spinn- und Zucht-Hauses*" hatte er in diesem Fall unter anderem auch vor, militärische Einheiten zur Unterstützung der Sache des Protestantismus aufzustellen und zu deren Unterbringung in seinem Land Kasernen bauen zu lassen.[142] Auch dieses Dokument wurde wieder versiegelt an die beiden Theologen Reichart und Krebs übergeben, die es in dem ersten Kasten in der Sakristei der Schlosskirche ablegen sollten. Nach Herzog Bernhards Tod wurden diese Urkunden von den Empfängern durch den neuen Herzog Ernst Ludwig wieder abgefordert.

Aus dem Schreib- und Notizkalender Herzog Bernhards für das Jahr 1702 geht hervor, dass am 13. November diesen Jahres ein Glas des *„Opus [Mercurii] Creutzberg."* in den Athanor eingesetzt wurde (Abbildung 25).[143] Dabei handelte es sich dann sicherlich um den Partikularprozess aus Quecksilber, den Creutzberger mit an die Meinin-

140 Landesarchiv Thüringen – Staatsarchiv Gotha, 2-13-0021, 5165, 189r.

141 Landesarchiv Thüringen – Staatsarchiv Gotha, 2-13-0021, 5165, 190r.

142 Emmrich: Bernhard, S. 22-25.

143 Landesarchiv Thüringen – Staatsarchiv Meiningen, 4-11-2020, 3694, Bl. 92r.

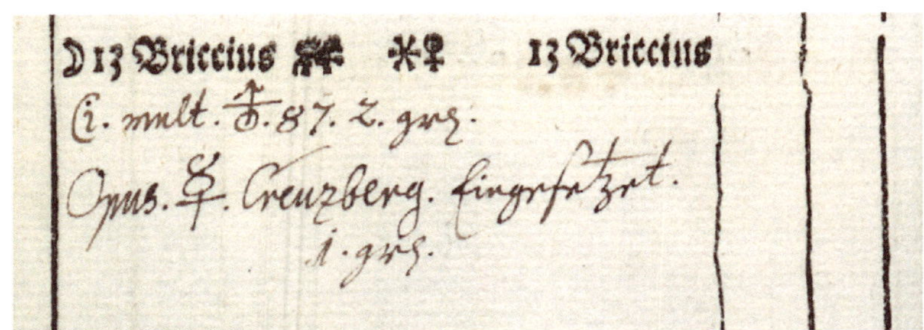

Abbildung 25: Der Kalendereintrag Herzog Bernhards am 13. November 1702 bezeugt die Einsetzung eines Glases mit dem „Opus ☿ Creutzberg." in den Athanor. Darüber ist auch ein Eintrag zu sehen, der besagt, dass zwei Gläser einer anderen, bereits multiplizierten Tinktur schon seit 87 Wochen im Athanor stehen. Quelle: Landesarchiv Thüringen – Staatsarchiv Meiningen

ger Herzöge verkauft hatte. Im Wochenabstand vermerkte Bernhard dann den Zustand des Glases in seinem Kalender.

4.3.7. Das Laboratorium in Meiningen ab 1698

Aus den untersuchten Archivalien ergibt sich, dass spätestens ab 1698 die alchemischen Arbeiten in einem Laboratorium in Meiningen durchgeführt wurden. Das betrifft zuerst Paul Creutzberger aus Ischl, der nachweislich mindestens vom 21. Oktober 1698 bis zu seinem schnellen Tod im April 1699 in diesem Laboratorium tätig war. Ab 1699 arbeitete dann auch der Hofalchemist Baron von Heydenab nicht mehr in Schweina, sondern in Meiningen. Daneben ließ wohl auch der Obrist von Damm hier alchemische Arbeiten durchführen und auch Bernhard und Ernst Ludwig tauchten, wenn sie Zeit hatten, immer wieder in diesem Laboratorium auf.

Doch wo war das Laboratorium? Im Schloss? – Nein dort wurde es wohl nicht untergebracht, sondern in einem kleinen Nebengebäude in der Nähe. Eine Handwerkerrechnung vom 3. Dezember 1698 spricht von Schlosserarbeiten für das Laboratorium *„in der kleinen mühlen auf dem Mittelgraben"*.

Begeben wir uns auf die Spurensuche! Alte Stadtbeschreibungen nennen ein „*Laboratorium*“ genanntes Gebäude zum Beispiel 1858: „*Da wo jetzt das Herzogliche Futtermagazin sich erhebt, stand früher ein armseliges von dürftigen Leuten bewohntes Häuschen, das Laboratorium genannt, weil es zu Anfang des vorigen Jahrhunderts zu alchemistischen Zwecken gebraucht worden ist.*“[144] Oder 1909: „*... im sogenannten Laboratorium ..., das sich da befand, wo heute das Heumagazin steht.*“[145] – Damit haben wir den Standort des alchemischen Laboratoriums schon gefunden und zwar schneller als gedacht! Es befand sich auf dem Gelände des zwischen 1854 und 1858 errichteten Marstalls, der heute vorwiegend von der Stadtverwaltung Meiningen genutzt wird. Konkret stand das Laboratoriumsgebäude am Wasserlauf auf der Südseite des Marstalls, der damals Mittelgraben genannt wurde. Dieser Graben befand sich in der Mitte zwischen dem Mühlgraben und dem Schlossgraben. Während es den Mühlgraben noch heute gibt, existiert der zum Schloss führende Graben nur noch bis zum Mittelgraben. Das Laboratorium war damit nur 150 m von der Südfassade des Schlosses entfernt.

Aus den spärlichen Archivalien zu diesem Thema können wir schließen, dass sich hier vor 1698 schon ein Gebäude, die Kleine Mühle, befunden hatte. Mit relativ wenig Aufwand erfolgte 1698/99 der Umbau entweder eines Teils der Mühle selbst oder eines kleinen Nebengebäudes zum Herzoglichen Laboratorium, wie verschiedene Handwerkerrechnungen in einer Schlossbauakte beweisen.[146] Aus diesen Rechnungen kann man nicht immer im Detail erkennen, was gebaut wurde, wenn zum Beispiel Schlosser- oder Tagelöhnerarbeiten am Laboratorium pauschal abgerechnet wurden. Konkret genannt wurden aber unter anderem der Einbau eines Destillierofens, das Beschlagen von verschiedenen Türen mit Schlössern, Riegeln und Bändern (darunter eine „*Secretthür*“), die Lieferung von Schlüsseln,

144 A. Schaubach: Das alte und das neue Meiningen, Meiningen 1858, S. 55.

145 Paul Lehfeldt, Georg Voss: Bau- und Kunstdenkmäler Thüringens – Herzogtum Sachsen-Meiningen, Stadt Meiningen und Landorte, Jena 1909, S. 67.

146 Landesarchiv Thüringen – Staatsarchiv Meiningen, 4-11-2020, XVII B1, Bl. 60r, 68r, 70r, 74r, 78r, 92r.

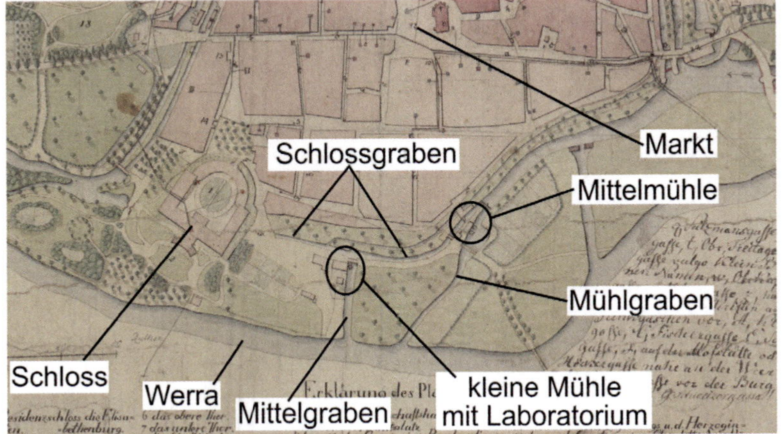

Abbildung 26: Ausschnitt aus einem historischen Stadtplan von Meiningen mit dem Schloss und der Lage des Laboratoriums.
Quelle: Landesarchiv Thüringen – Staatsarchiv Meiningen, 4-99-004, 203, Datierung: 1816: Plan der Residenz-Stadt Meiningen von Ch. Schroeder, gezeichnete und handkolorierte Karte in Mappe.

etlichen Gläsern, einer eisernen Pfanne, eiserner Kästen, von Sägen, Zangen, zwei Feilen sowie einem eisernen Schöpflöffel. Verantwortlich für die Bauarbeiten am Laboratorium waren Peter und Samuel Rust,[147] die seit 1686 in Meiningen als Stukkateure beschäftigt waren und von 1692 an außerdem als Bau-Inspectoren für das gesamte Baugeschehen des neuen Schlosses in Meiningen verantwortlich waren. Sie zeichneten die oben genannten Rechnungen auch jeweils ab.

Auf einem Plan der Residenzstadt Meiningen von 1816 kann man den Standort der Kleinen Mühle mit Laboratorium gut lokalisieren, wie es auf dem in Abbildung 26 dargestellten Ausschnitt dieser Karte versucht wurde. Dieser Ausschnitt zeigt den westlichen werranahen Teil von Meiningen. Oben sehen wir noch den angeschnittenen Marktplatz. Links das im Nordwesten von Meiningen liegende

147 Die Brüder Johann Peter (um 1660-1700) und Samuel Rust (um 1660-1733) aus Eberswalde waren, bevor sie nach Meiningen kamen, zeitweise auch bei Bauarbeiten am Schloss Köpenick bei Berlin und am Schloss Friedenstein in Gotha beschäftigt.

Schloss. Mehrere Wassergräben führen von den um die Stadt fließenden Wassergräben hin zur Werra. An der Mittelmühle, ein späteres Gebäude steht dort noch heute, zweigt der Schlossgraben vom Mühlgraben ab. Diese Mittelmühle steht auf einem schmalen Grundstück zwischen diesen beiden Gräben. Der Schlossgraben führte ursprünglich zum Schloss, das wie eine Wasserburg von einem Wassergraben umgeben war. 1816 war das schon nicht mehr der Fall, der Schlossgraben endete kurz vor dem Schloss. Wenige Meter davor zweigt der damals sogenannte Mittelgraben vom Schlossgraben in Richtung Werra ab. Direkt an dieser Abzweigung standen die kleine Mühle und auch das Laboratorium. Ein Steg überquert den Mittelgraben.

Weiter zum damaligen Laboratorium: Aus einem Brief von Herzog Bernhard an seinen Sohn vom 9. März 1701 geht auch hervor, dass es im Laboratorium nun einen neuen dritten Ofen gab, der vorsichtig in Betrieb genommen werden musste.[148] Einen typischen Ofen in einem alchemischen Labor zeigt Abbildung 27. In diese schließlich drei Öfen wurden immer wieder Gläser für langandauernde Temperierversuche der alchemischen Nacharbeit „*eingesetzt*". Es war sicher eine Herausforderung, diese oft monatelang andauernden Versuche durchzuführen, da man ja über diese lange Zeitspanne Tag und Nacht, wochentags, wie auch am Wochenende, die Öfen bei möglichst gleichbleibender Temperatur in Betrieb halten musste.

Deshalb wohl arbeitete neben dem Baron von Heydenab im Labor oft auch ein „*Handlanger*". Als erstes wurde zu diesem Zweck ein alter Jäger angestellt, mit dem man jedoch kein Glück hatte. Ende Mai 1699 berichtete Heydenab „*ex Laboratorio*": der „*handlanger hatt sich 2 dag nit wohl gehalten, in dem er sich voll brantwein gesoffen hatt, daß er kaum hatt gehen kennen, er were bald über den steg inß Wasser gefallen*".[149] Ende dieses Jahres 1699 gab es von Heydenab dann die Nachricht: „*al die weilen ich mit einem liederlichen unndt versoffenen Handlanger nemlich den alten Jeger versehen ware, denn ich wegen seinneß deglichen volsauffen habe miesen abschaffen, so mir Ihro*

148 Landesarchiv Thüringen – Staatsarchiv Gotha, 2-13-0021, 5165, Bl. 184.

149 Landesarchiv Thüringen – Staatsarchiv Gotha, 2-13-0021, 5167, Bl. 4.

Abbildung 27: Abbildung eines alchemischen Ofens, auf dem drei Phiolen stehen. Links vom Ofen steht eine Gestalt, der Mercurius, der das alchemische Prinzip Quecksilber verkörpert und rechts vom Ofen ein Löwe. Das Bild stammt aus der Serie der alchemischen Abbildungen der Rudrauffs.
Quelle: Landesarchiv Thüringen – Staatsarchiv Gotha

Durchl. schon lengsten Gnädigst befolen haben.“ An seine Stelle hatte er „*einen Jungen Kerl von 22 Jharen angenomen, so ein landßkindt ist, unndt 9 Jhar auff dem alten Stein*[150] *bey denen Herren von Hundt gedienet hatt, unndt gar kein Säuffer ist, unndt Capabel alle chymische labores zu lernen*“.[151]

Aber auch später hatte man mit dem Handlanger Schwierigkeiten. So berichtete Herzog Bernhard im August 1703 in einem Brief aus Meiningen an seinen Sohn („*a L'Armee sur le Rein*“), „*das durch Nachläsigkeit des Handlangers, indem untter der Asche kein Sand gewesen, und davon die Asche gantz glühend worden, alle 13 Gläser so sich so wohl angelaßen verdorben, theils zue wenigen theils zue sehr drucken worden, sobald Ich wieder von Coburg wieder zurücke komme, will Ich wieder neue Gläßer ansetzen, den handlanger so ohnedem dem trunck sehr ergeben, dimittiren.*“[152] Schon Becher hatte erwähnt, dass das Saufen „*bey den Laboranten gebräuchlich ist*“ und so war es ganz offensichtlich auch in Meiningen.[153]

Eine Zeit lang ging Herzog Bernhard ziemlich regelmäßig selbst ins Laboratorium, was man zum Beispiel seinem Notiz- und Schreibkalender des Jahres 1702 entnehmen kann. Er schaute sich die in die Athanore eingesetzten Gläser an und notierte das mit typisch alchemischen Abkürzungen in seinen Kalender. Die Einträge für Ostermontag und Osterdienstag 1702 (17. und 18.4.) zeigt beispielhaft die nachfolgende Abbildung 28.[154] Am 17. April hatte er eingetragen:

- zwei Gläser einer ein Mal multiplizierten Tinktur, welche seit 57 Wochen im Ofen stehen
- 12 Gläser einer (bisher nicht multiplizierten) Tinktur, die seit 150 Wochen im Ofen stehen

150 Gemeint ist die Herrschaft Altenstein der Herren Hund von Wenkheim im Norden des Herzogtums Sachsen-Meiningen.

151 Landesarchiv Thüringen – Staatsarchiv Meiningen, 4-11-2020, 1763, Bl. 38-39.

152 Landesarchiv Thüringen – Staatsarchiv Gotha, 2-13-0021, 5165, Bl. 211.

153 Becher: Glückshafen, S. 102.

154 Landesarchiv Thüringen – Staatsarchiv Meiningen, 4-11-2020, 3694, Bl. 33.

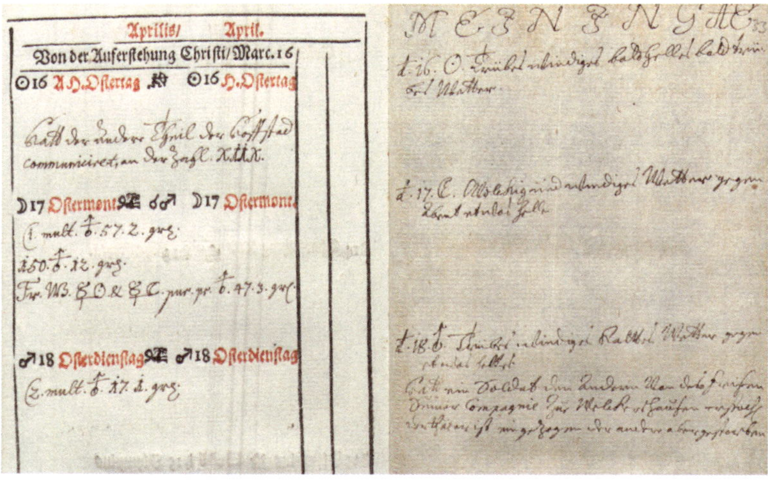
Aprilis/ April.
Von der Auferstehung Christi/ Marc. 16
16 H. Ostertag
17 Ostermontag
18 Osterdienstag

Abbildung 28: Eintragung Herzog Bernhards in seinen Schreibkalender bezüglich in den Athanor eingesetzter Gläser verschiedener alchemischer Prozesse vom 17. und 18. April 1702, Ostermontag und -dienstag.
Quelle: Landesarchiv Thüringen – Staatsarchiv Meiningen

- 3 Gläser einer Tinktur aus Mercurius Solis (Goldamalgam) und Mercurius Lunae (Silberamalgam) nach Basilius Valentinus, die seit 47 Wochen im Athanor stehen

Am 18. April 1702 notierte er dann noch die Kontrolle von

- einem Glas der zweimal multiplizierten Tinktur, die sich seit 17 Wochen im Ofen befand.

Manche Einträge bezüglich der Arbeit im Meininger Laboratorium hat Bernhard aber auch in Coburg vorgenommen, wohin ihm sein Sohn Ernst Ludwig aus Meiningen *„münd- oder schriftliche relation benebenst den Tag und der Stunde“* zum Beispiel *„wann die multiplication und wiedereinsetzung der Gläßer geschehen“*[155] oder auch andere Informationen übermittelt hatte, so dass er also nicht bei jedem die Alchemie betreffenden Kalendereintrag immer persönlich im Laboratorio nachgeschaut haben musste.

155 Landesarchiv Thüringen – Staatsarchiv Gotha, 2-13-0021, 5165, Bl. 188r.

Die alchemischen Versuche fanden also nicht im Schloss statt, aber der vorsichtige Herzog Bernhard bewahrte wertvollere Materialien, vor allem Gold oder Goldauflösungen, doch zeitweise auch in seinen persönlichen Räumlichkeiten in der Elisabethenburg auf. So teilte er in einem Brief vom 12. August 1699 seinem Sohn mit, dass das „*[Gold] so noch in dem [Aquafort]*" in seinem „*Bettcavinet ... auf dem altar bey den Büchern*"[156] stehen würde und am 17. Mai 1702 informierte er ihn, das „*von dem [Quecksilber] abgesonderte [Gold] und [Silber] habe Ich in meine schwartze Chattollge in Meinem großen cavinett aufgehoben*".[157]

Auch in einem Schreibkalender des Jahres 1703 findet man noch zahlreiche alchemische Einträge von der Hand Herzog Bernhards.[158] Diese endeten aber ganz plötzlich im Juni 1703 und wurden auch nicht wieder aufgenommen. Die letzten Einträge stammen vom 1. und 2. Juni jenes Jahres und betreffen wiederum verschiedene noch nicht oder bereits ein oder zweimal multiplizierte Tinkturen die schon bis zu 42 Wochen im Athanor standen. Warum Bernhard die intensive Beschäftigung mit der Alchemie zu diesem Zeitpunkt aufgegeben hat, wird aus diesen Archivalien nicht klar. Vielleicht hatte er aber auch einfach keine Lust mehr, die Eintragungen in seinem Schreibkalender weiterzuführen. Wenig später, im August 1703, waren dann aber, wie wir schon erfahren haben, durch einen Fehler des Handlangers alle eingesetzten Gläser unbrauchbar geworden.

Doch nicht nur Herzog Bernhard, sondern auch sein Sohn Ernst Ludwig arbeitete zeitweise eigenhändig im Laboratorium. Davon zeugen etliche handschriftliche Laboraufzeichnungen, die sich von ihm aus der Zeit von 1701 bis 1706 erhalten haben und zum Beispiel mit „*Diarium über die Labores*" oder „*Continuatio Diarii Chymici*" überschrieben sind.[159] Allerdings sind diese auf Grund der fast unleserlichen Handschrift Ernst Ludwigs nur sehr schwer zu lesen. Auch seine Zeitgenossen hatten schon Probleme damit, zum Beispiel seine Briefe

156 Landesarchiv Thüringen – Staatsarchiv Gotha, 2-13-0021, 5165, Bl. 173.
157 Landesarchiv Thüringen – Staatsarchiv Gotha, 2-13-0021, 5165, Bl. 204.
158 Landesarchiv Thüringen – Staatsarchiv Meiningen, 4-11-2020, 3646.
159 Landesarchiv Thüringen – Staatsarchiv Gotha, 2-13-0021, 5166, Bl. 8-21.

Abbildung 29: Blick von Süden auf den Gebäudeteil des Marstalls, der am Mittelgraben liegt, rechts die Brücke über den Mittelgraben.
Foto: Alexander Kraft, 2021.

Abbildung 30: Blick von Süden auf den Gebäudeteil des Marstalls, der am Mittelgraben liegt mit Blick auf den Mittelgraben.
Foto: Alexander Kraft, 2021.

zu lesen. So schrieb ihm sein Onkel Christian von Sachsen-Eisenberg in einem Antwortbrief, dass er, Ernst Ludwig, „*etwas unleserlich geschrieben*“ habe und er den Inhalt seines Briefes daher „*merer theils erraten muste*“.[160] Diese Aussage ist gut nachzuvollziehen.

Wie es heute am Standort des ehemaligen alchemischen Laboratoriums der beiden ersten Meininger Herzöge aussieht, zeigen die beiden Abbildungen 29 und 30. Man blickt von Süden auf den Gebäudeteil des Marstalls, der an dem entsprechenden Wassergraben steht. Da es den eigentlichen Schlossgraben nicht mehr gibt, nennt man den damaligen Mittelgraben heute Schlossgraben.

4.3.8. Die alchemische Korrespondenz zwischen Herzog Bernhard und seinem Sohn Ernst Ludwig

Von den gemeinsamen alchemischen Arbeiten der beiden ersten Herzöge von Sachsen-Meiningen zeugen auch die 24 erhaltenen Briefe, die Herzog Bernhard an seinen Sohn Ernst Ludwig gesendet hat. Diese Briefe stammen aus der Zeit zwischen August 1699 und August 1703. Die Briefe beginnen, nachdem Herzog Albrecht von Sachsen-Coburg, ein Bruder Herzog Bernhards, am 6. August 1699 in Coburg verstorben war. Bernhard war nach Coburg geeilt, um seinen Bruder zu beerdigen und das Herzogtum danach unter seine Herrschaft zu bringen, was auch erst einmal gelang. Es scheint dann in den Folgejahren so gewesen zu sein, dass Bernhard oft in Coburg residierte, während sich sein Sohn in Meiningen aufhielt, wenn er nicht im Kriegseinsatz war. Manche Briefe sandte Bernhard dann allerdings auch aus Meiningen an seinen Sohn auf dem westdeutschen Kriegsschauplatz. In dieser Briefsammlung, die nur die Briefe Bernhards enthält, nahm die Alchemie einen wichtigen Platz ein. Sie enden im Sommer 1703, als Herzog Bernhard womöglich sein Interesse für die Alchemie verloren hatte.

Es gibt im Staatsarchiv Meiningen auch eine Sammlung von zahlreichen Briefen des Prinzen Ernst Ludwig an seinen Vater zwischen

160 Landesarchiv Thüringen – Staatsarchiv Gotha, 2-13-0021, 5165, Bl. 236r.

1672 und 1699. Dort sind natürlich auch da und dort alchemische Informationen eingestreut. Diese Briefe sind aber, wie nahezu alle Schriftstücke von der Hand Ernst Ludwigs, überwiegend sehr schwer zu lesen und deshalb leider auch kaum auswertbar. Es kann aber so viel festgestellt werden, dass die meisten Briefe der relevanten Zeit vom Kriegsschauplatz im Westen des Deutschen Reiches abgesandt wurden und auch über die Kriegsereignisse berichten. Bei den alchemischen Affären um Michael Ludwig und Struve war Ernst Ludwig in seiner Heimat in Meiningen, so dass zu dieser Zeit keine Briefe zwischen Vater und Sohn gewechselt werden mussten. Zitate aus diesen Briefen die Alchemie betreffend, habe ich in der vorliegenden Studie an den Stellen verwendet, an denen sie zur Erklärung bestimmter Vorgänge und Affären nützlich sind.

4.3.9. Susanna, Maria und Catharina Rudrauff aus Frankfurt am Main 1701

Anfang Januar 1701 hatte Prinz Ernst Ludwig die Familie Rudrauff[161] in Frankfurt am Main besucht, da er erfahren hatte, dass sie über einen „*wahren process*" verfügen würden.[162] Diese Information hatte er wahrscheinlich von Baron Heydenab erhalten, der ja zeitweise ebenfalls in Frankfurt tätig gewesen war und den die Rudrauffs offenbar kannten. Es ergibt sich aus den erhaltenen Briefen weiterhin, dass der Familienvater Rudrauff[163] verstorben war und das nun seine Witwe Susana Rudrauff und die beiden Töchter Maria (Elisabetha) und Catharina Rudrauff zusammen mit einem gewissen Laboranten Johann Friedrich John, der bei ihnen im Haus wohnte, versuchten, den Prozess zu Geld zu machen. Die Verhandlungen mit dem Prinzen

161 Auch Rüdrauff, Ruettrauff oder ähnlich geschrieben

162 Landesarchiv Thüringen – Staatsarchiv Gotha, 2-13-0021, 5165, Bl. 150-154.

163 Möglicherweise handelt es sich um „den Bürger und Hosenstricker Johann Caspar Rudrauff und seine Frau Susanna" in Frankfurt am Main (verheiratet seit 1667), die erwähnt werden in: Mary Ruthrauff Hoover: History of the Ruthrauff Family, Kansas City 1925, S. 21. Johann Caspar Rudrauff war wohl ein Neffe des Gießener Theologieprofessors Kilian Rudrauff (1627-1690).

führten die drei Frauen gemeinsam mit dem Laboranten John, vermutlich weil sie nach den damaligen Gepflogenheiten als Frauen keinen Vertrag alleine abschließen konnten, sondern noch einen männlichen Beauftragten auf ihrer Seite benötigten. Wie auch immer, Ernst Ludwig schien diese Gelegenheit so interessant, dass er die Rudrauffs am 6. Januar 1701 „*vormittags nach der früh predigt bey ihnen in ihrem haußе*" aufsuchte. Von dem, was er bei dieser Gelegenheit erfahren und gesehen hatte, war er so beeindruckt, dass er „*ihnen sogleich, zwey biß drey hundert taler zu ihren nötigen unterhalt, und umb ihr werck ferner fortzu setzen geben wolte*". Neben dem Prozess beeindruckte ihn offenbar auch „*das buch mit denen figuren*". Er wollte sich dieses Buch auch ausleihen und die „*über schickte bilder nach ab mahlung ohne Schaden wiedrumb*" zurücksenden.

Bei diesen Bildern oder Figuren handelt es sich um Abbildungen mit allegorischen Darstellungen des Opus Magnum, des Ablaufes der Umwandlung der Reaktionsmischung in der im Athanor platzierten Phiole währen der Nacharbeit. Insgesamt sind heute im Staatsarchiv Gotha noch 28 Zeichnungen vorhanden,[164] aus denen zwei fiktive alchemische Reaktionsabfolgen mit sechs beziehungsweise neun Zeichnungen separiert werden können. Diese sind in den Abbildungen 31 und 32 dargestellt. Eine weitere Zeichnung konnte von Oliver Humberg als eine (schlechte) Abzeichnung des Titelkupfers der Druckschrift *Aphorismi Urbigerani* identifiziert werden.[165]

Die erste Abfolge in Abbildung 31 zeigt einen typischen, für die Nacharbeit des Opus Magnum angenommenen Verlauf. Er beginnt mit der Putrefaction, der Faulung, auch das Schwarze Rabenhaupt oder Nigredo, die Schwärzung, genannt. Die Nigredo ist durch eine schwarze Reaktionsmischung in der Phiole und einen auf ihr sitzen-

164 Diese Abbildungen wurden 2016/2017 auch in der Sonderausstellung „Alchemie. Die Suche nach dem Weltgeheimnis" im Landesmuseum für Vorgeschichte in Halle (Saale) gezeigt. Siehe dazu: H. Meller, A. Reichenberger, C.-H. Wunderlich: Alchemie. Die Suche nach dem Weltgeheimnis, Begleithefte zu Sonderausstellungen im Landesmuseum für Vorgeschichte Halle Band 5, Halle (Saale) 2016, S. 82-85.

165 Baro Urbigerus: Aphorismi Urbigerani, London 1690. Deutsche Übersetzung: Erfurt 1691. Vgl. Oliver Humberg: Der alchemistische Nachlaß Friedrich I., Elberfeld 2005, S. 35.

Abbildung 31: Darstellung der sechsstufigen Farbänderung einer Reaktionsmischung in einer Phiole während des alchemischen Opus Magnum mit allegorischen Figuren.
Quelle: Landesarchiv Thüringen – Staatsarchiv Gotha

Abbildung 32: Darstellung der neunstufigen Farbänderung einer Reaktionsmischung in einer Phiole während des alchemischen Opus Magnum.
Quelle: Landesarchiv Thüringen – Staatsarchiv Gotha

den schwarzen Raben gekennzeichnet. Es folgt der Pfauenschwanz, die Cauda Pavonis, bei der in der Phiole mehrere Farben gleichzeitig oder kurz nacheinander zu sehen sind. Gekennzeichnet wird sie durch einen Pfau auf der Phiole. Es folgt die Grünfärbung, die Viridis, hier durch einen Papagei auf der Phiole angezeigt. Der nächste Schritt ist die Weißfärbung, die Albedo, die an einem weißen Schwan auf und der Figur der Diana neben der Phiole zu erkennen ist. Vorletzter Schritt im Großen Werk ist hier die Citrinato, die Gelbfärbung, erkennbar an der gelb gefärbten Reaktionsmischung und dem gelben Drachen über der Phiole. Die sechste Figur zeigt schließlich die letzte Stufe des Opus Magnum, die Rotfärbung beziehungsweise Rubedo, bei der der rot gefärbte Stein der Weisen beziehungsweise eine rote Tinktur erhalten wird. Auf der entsprechenden Phiole erkennen wir einen roten Adler, alternativ auch als Phoenix gedeutet, in der Phiole ist ein König zu sehen.

Die zweite Abfolge in Abbildung 32 zeigt ebenfalls die Schritte des großen Werkes, allerdings nur in der Abfolge der Farben in der Reaktionsmischung, ohne allegorische Figuren. Die Reaktion beginnt wieder mit der Nigredo und mündet über die Cauda Pavonis in die Rubedo. Die Grün-, Weiß- und Gelbfärbung fehlen hier.

Nach Ernst Ludwigs Rückkehr ins heimatliche Herzogtum sandten Bernhard und Ernst Ludwig ihren Rentmeister Georg Bernhard Engelschall mit mehreren hundert Talern und einem Vertragsentwurf nach Frankfurt am Main.[166] Für insgesamt 300 Taler kauften die Herzöge schließlich noch im Januar 1701 *„den selbst gesehen Process nebst den bildern"*, sowie ein *„Philosophisches Ey"*, also ein eiförmiges, hermetisch verschließbares Glasgefäß, in dem üblicherweise die Reaktionsmischung beim Opus Magnum beziehungsweise der Nacharbeit in den Athanor eingesetzt wurde. Ernst Ludwig bot den Rudrauffs auch an, dass, wenn sie nach Meiningen kommen würden, *„ihr Euch freier Wohnung und Schutzes in meines Herrn Vatters Meinungischen Landen"* erfreuen dürftet. Uns liegt erfreulicherweise auch die entsprechende Prozessvorschrift vor, die unter dem Titel *„Gromenij*

166 Landesarchiv Thüringen – Staatsarchiv Gotha, 2-13-0021, 5166, Bl. 108-109, 125-126.

Processus von der Prima Materia“ in den Alchemie-Archivalien des Herzogtums Sachsen-Meiningen erhalten geblieben ist.[167] Der Text beginnt damit, dass ausgesagt wird, die Prozessvorschrift sei für „*Maria Elisabetha Ruettrauffin Im Jahr 1700 den 12 Junij von einem aufrichtigen Freund und Adepto verehrt und mit eigener Hand geschrieben worden*“.

Ansonsten wird in dieser Rezeptur angegeben, die zur Herstellung des Steins der Weisen notwendige Prima Materia würde „*in allen Bergwercken ... gefunden*“, sie sei eine „*Materi viscosa*“, wie „*ein Dunst Waßer ..., fett und schlüpferich, so durch die poros und Lufttlöchlein der Erden tringet, und durch die Mineras sich heraus giebet, und in den Fund-Gruben, Stollen und Schächten an den Wänden hänget*“. Dieses Wasser sei „*das Hauß oder Wohnung der prima Materia aller Metallen*“. Davon müsse man für die Erste Operation („*Prima Operatio*“), also die Vorarbeit, 19 Teile mit zwei Teilen klein geriebenen philosophischen Bleis „*zusammen in ein bequemes Glaß*“ tun, dieses verschließen, aber nicht hermetisch versiegeln, und in ein „*vaporisch Feuer*“, also in heißen Wasserdampf setzen. Es bleibt an dieser Stelle unklar, was mit dem philosophischen Blei gemeint ist. Bei dieser Operation würde das Wasser als Agens das Sperma aus dem philosophischen Blei als Patiens an sich ziehen. Dabei würde der Mercurius Philosophorum entstehen.

In der Zweiten Operation („*Secunda Operatio*“), welche der Nacharbeit entspricht, nimmt man die Mischung aus der Ersten Operation und verschließt sie hermetisch in einem „*Philosophischen Ey*“ und setzt dieses wiederum ins vaporische Feuer. Die Reaktionsmischung würde dann schwarz, weiß und zuletzt „*plus quam perfectum*“ werden. Das ist der Prozess, der sich ziemlich einfach anhört. Problematisch ist dabei aber sicherlich das Sammeln der Bergwerksfeuchtigkeit und das Herausfinden, was denn nun das philosophische Blei ist.

Dass Rudrauff als Alchemist nicht völlig unbekannt war, zeigt ein Fund in der bekannten *Mellon Collection of Alchemy and the Occult* der Yale University in New Haven, USA. Eine dort aufbewahrte al-

167 Landesarchiv Thüringen – Staatsarchiv Gotha, 2-13-0021, 5165, Bl. 31r-41r.

Abbildung 33: Denkmal zu Ehren von Christian von Sachsen-Eisenberg (1653-1707) im Schlosspark in Eisenberg (Thüringen).
Quelle: Wikimedia Commons / Michael Sander / CC BY-SA 3.0

chemische Sammelhandschrift enthält eine handschriftliche Rezeptur mit dem Titel [Mercurius] [Saturni] „*Casp. Rührdrauffs*".[168] Es geht in dieser Prozessvorschrift um die Ausziehung des alchemischen Prinzips Quecksilber aus dem Blei. In den Laboraufzeichnungen Ernst Ludwigs („*Diarium Chymicum*") wird der Prozess der Rudrauffs als Frankfurter Prozess bezeichnet, auch als „*Processus Ffortensis*" oder als „*Fforter Process*".[169]

4.3.10. Zusammenarbeit mit anderen thüringischen Landesherren

Es gab auf alchemischem Gebiet auch in gewissem Umfang eine Zusammenarbeit mit anderen regierenden Fürsten vor allem im Thüringer Raum, insbesondere mit Herzog Christian von Sachsen-Eisenberg (1653-1707, Herzog seit 1680), einem jüngeren Bruder von Herzog Bernhard, und mit Graf Anton Günther II. von Schwarzburg-Arnstadt (1653-1716, Graf seit 1681).

Davon zeugen Briefe, die aus der Korrespondenz von Ernst Ludwig mit diesen beiden Herrschern stammen. Auch hier ist wieder bemerkenswert, dass nicht Bernhard, sondern Ernst Ludwig der Briefschreiber aus dem Haus Sachsen-Meiningen war.

Christian von Sachsen-Eisenberg war einer der sieben Söhne Ernst des Frommen und seit 1680 Regent des kurzlebigen ernestinischen Herzogtums Sachsen-Eisenberg mit den thüringischen Ämtern Eisenberg, Camburg, Roda und Ronneburg. Der einzige Herzog von Sachsen-Eisenberg, dessen Porträtbüste in Abbildung 33 dargestellt ist, hat in der Geschichtsschreibung einen ziemlich schlechten Ruf. Insbesondere wird dafür neben seiner Schuldenmacherei auch „*sein unwiderstehlicher und verderblicher Hang zur Alchemisterei*" genannt, mit der „*trügerischen Hoffnung, daß er dadurch zu unermeßlichen Reichthümern gelangen werde*".[170] Dazu kamen Berichte über seinen

168 Mellon Collection of Alchemy and the Occult, Beineke Libraray, Yale University, New Haven, CT, USA, Mellon Ms 97, S. 206.

169 Landesarchiv Thüringen – Staatsarchiv Gotha, 2-13-0021, 5166, Bl. 13-14.

170 August Beck: Christian, Herzog von Sachsen-Eisenberg, in: Allgemeine Deutsche

Glauben, mit Geistern seiner Vorfahren kommunizieren zu können. Bezüglich seines Hanges zur Alchemie unterschied er sich aber nicht wesentlich von seinen Brüdern Friedrich I. von Sachsen-Gotha-Altenburg und später auch Bernhard von Sachsen-Coburg-Meiningen.

Die erhaltene alchemische Korrespondenz zwischen Christian von Sachsen-Eisenberg und seinem Neffen Ernst Ludwig umfasst die Zeit zwischen Februar 1699 und Januar 1707, 13 Briefe Christians aus dieser Zeit haben sich erhalten,[171] davon stammen sieben aus der Zeit nach Herzog Bernhards Tod im April 1706. In dem frühesten aus dieser Korrespondenz erhaltenen Brief vom Februar 1699 schickte Christian seinem Neffen drei alchemische Rezepturen, darunter eine von Paracelsus, nachdem er von Ernst Ludwig vorher auch schon eine Prozessvorschrift erhalten hatte.

Generell ergibt sich aus diesen Briefen der Eindruck, dass Christian von Sachsen-Eisenberg sehr vorsichtig an alchemische Projekte heranging. Er warnte seinen Neffen in mehreren Briefen, sich nicht zu leichtgläubig auf ihm angebotene alchemische Projekte einzulassen, besonders eindrücklich in einem Brief vom 21. Juni 1706. Dort heißt es zum Beispiel, „*heut zutage*" seien „*die bosheit, und der betrug, denn leider, so hochgestiegen das diese betrugerey, fast alles gutes bis anhero verdunckelt*" habe. Unter „*Millionen*" von angebotenen Prozessen „*sich nicht einer findet, der wahr ist!*" Die wahrhafte Kunst der Alchemie sei „*in verachtung und spott geratten*", zwischen einem „*Schelm und einem Alchimisten*" würde man kaum noch einen Unterschied machen. Im Januar 1707 merkte er bezüglich eines vorgeschlagenen alchemischen Prozesses an: „*wie wohlen Ich meines ortes dar vorhalte, es sey alle mühe und arbeit vergebens*". Auch den Hofalchemisten des Meininger Herzogshauses betrachtete er mit Skepsis. So schrieb er im Juli 1706 an Ernst Ludwig: „*Den Herren Baron von Heydenab, habe mermahlen, vor einen betrüger gehalten*".

Biographie, herausgegeben von der Historischen Kommission bei der Bayerischen Akademie der Wissenschaften, Band 4 (1876), S. 178–180, Digitale Volltext-Ausgabe in Wikisource, URL: https://de.wikisource.org/w/index.php?title=ADB:Christian_(Herzog_von_Sachsen-Eisenberg)&oldid=- (Version vom 3. Dezember 2021, 18:53 Uhr UTC)

171 Landesarchiv Thüringen – Staatsarchiv Gotha, 2-13-0021, 5165, Bl. 213-277.

Am 7. April 1706, nur drei Wochen vor Herzog Bernhards Tod (27. April), traf in Meiningen ein „*Athanor von gegoßenen Eisen*“ ein, den Herzog Christian aus Eisenberg mit einer detaillierten Beschreibung auf einem „*Wagen, wohlconditioniret und eingepacket*“ geschickt hatte.[172] Ein Athanor, auch Fauler Heinz genannt, ist, wie oben schon erwähnt, ein in der Alchemie vielfach verwendeter Ofen, in dem für längere Zeit die Zufuhr von Brennmaterial gesichert war. Mit einem solchen Athanor konnte man daher die oft bei alchemischen Prozessen erforderlichen sehr langen Erwärmungszeiten (oft mehrere Monate) bei möglichst konstanten Temperaturen mit halbwegs vertretbarem Aufwand realisieren. Am 21. April reiste Heydenab zusammen mit dem Eisenbergischen Laboranten Franz Scherl, der offenbar den Athanor nach Meiningen gebracht hatte, von Meiningen nach Eisenberg.[173] Dort muss er, vielleicht als Gegenleistung für den erhaltenen Athanor, für den dortigen Herzog tätig geworden sein. Darüber berichtete er am 30. Mai 1706 an Ernst Ludwig „*wie daß ich Hertzog Christian habe von unserem gradir wasser hinter lassen, unndt auch ein Amalgama mit [Silber] unndt eineß mit [Gold] so hatt er solcheß ein gesettz, unndt hatt sich alleß befunden gleich wie gesagt unndt vor geben habe, unndt mir darauff diesen inliegenden brieff geschrieben, mindlich Ihro Durchl. waß ferner passiert hatt, erzelen*“.[174]

Herzog „*Christian verschied am 28. April 1707 an einer Nervenvertrocknung, einer Folge der bei seinen alchymistischen Operationen gebrauchten starken Gifte*“, wie es in der *Gartenlaube* etwas lyrisch formuliert wurde.[175] Er war ziemlich genau ein Jahr nach seinem Bruder Bernhard gestorben.

Christian von Sachsen-Eisenberg korrespondierte zu alchemischen Fragestellungen nicht nur mit Bernhard, sondern auch mit ihrem ältesten Bruder Herzog Friedrich I. von Sachsen-Gotha-Altenburg.[176] Ganz im Gegensatz dazu ist keine alchemische Korres-

172 Landesarchiv Thüringen – Staatsarchiv Gotha, 2-13-0021, 5167, Bl. 110.
173 Landesarchiv Thüringen – Staatsarchiv Gotha, 2-13-0021, 5167, Bl. 20.
174 Landesarchiv Thüringen – Staatsarchiv Gotha, 2-13-0021, 5167, Bl. 21.
175 Anon.: Ein fürstlicher Goldmacher und Geisterseher, Gartenlaube 1865, S. 765-767.
176 Landesarchiv Thüringen – Staatsarchiv Gotha, 2-13-0021, 5142, Bl. 358-364.

pondenz der Meininger Herzöge mit denen aus Gotha bekannt. Das kann man aber dadurch erklären, dass der ambitionierte Alchemist Herzog Friedrich I. in Gotha schon 1691 gestorben war, noch bevor sein jüngerer Bruder Bernhard seine späte Liebe zur Alchemie um 1693 herum entdeckt hatte. So ging es in den Briefen von Bernhard an seinen Bruder Friedrich in Gotha aus dem Jahr 1691 ausschließlich um Bergwerksangelegenheiten, den Kupferschieferabbau und die entsprechende Verarbeitung in Schweina betreffend.[177]

Mit dem Herzog Johann Ernst von Sachsen-Saalfeld (1658-1729), dem jüngsten der sieben herzoglichen Brüder, war das Haus Sachsen-Meiningen sogar regelrecht verfeindet, insbesondere nachdem Bernhard 1699 Sachsen-Coburg in Besitz genommen hatte, auf das auch Johann Ernst energisch Anspruch erhob. Daher war keine Kommunikation zwischen den Brüdern im Bereich der Alchemie zu erwarten. Allerdings galt der Saalfelder Hofprediger und Superintendent Paul Sternbeck (1642-1717)[178] als erfahrener Alchemist, mit dem es tatsächlich auch eine Zusammenarbeit gab. So berichtete Baron Heydenab im November 1699 an Herzog Bernhard, dass er dem Saalfelder Superintendenten „*ein Pfundt Pulver*" übermacht habe. Dieser habe es zusammen mit seinem Sohn, einem Arzt, „*auff Unterschiedliche manier probiert hatt, unndt probieren lassen, auff ettliche manier hatt eß nit gar viel geben, aber eine manier haben sie gefunden, durch welche der centner hatt geben 10 marckh goldhaltiges Silber, so ein grosses werckh ist unndt in Salfeld grose Freyde causiert*".[179] Nun wollten Vater und Sohn Sternbeck die Rezeptur für Heydenabs Pulver kaufen. Man hatte sich dann aber erst einmal auf einen zweiten Versuch mit einem Zentner Pulver geeinigt, das von Heydenab hergestellt und nach Saalfeld geliefert werden sollte.

177 Landesarchiv Thüringen – Staatsarchiv Gotha, 2-13-0021, 5165, Bl. 25-28.

178 Paul Sternbeck: geboren 1642 in Mitau in Kurland; 1660 Studium in Mitau, Riga und Jena; 1663 Pfarrer in Schweina, 1676 Dekan in Themar, 1683 Superintendent in Königsberg/Franken, ab 1687 Superintendent und Hofprediger in Saalfeld; er hatte sechs Söhne und vier Töchter.

179 Landesarchiv Thüringen – Staatsarchiv Meiningen, 4-11-2020, 1763, Bl. 38-39.

Als sich im Mai 1701 ein Sohn des Saalfelder Superintendenten, *„der Junge Sternbeck"*, bei Herzog Bernhard mit Vorschlägen zum Bau einer *„Stahlhütte"* in Salzungen, zur Verbesserung der Schweinaer Kupfererzverhüttung und zur Herstellung des *„Heidenappischen Pulver"* im Großen meldete, waren Bernhard und Ernst Ludwig hochinteressiert.[180] Wer der junge Sternbeck war, wird leider nicht klar, da kein Vorname genannt wurde und Sternbeck sechs Söhne hatte.

Der Arzt-Alchemist David Kellner aus Nordhausen, wir haben schon von ihm gehört, machte 1694 in einem Brief an den Herzoglich Sachsen-Meiningischen Kammerverwalter Engelschall sogar den Vorschlag, dass *„sämbtliche hochfürstl. Heren Gebrüder und Vettern zusammen ein Laboratorium hilten und"* und teure Rezepturen oder die Dienste von Alchemisten gemeinsam *„erhandelten, so käme es einem so hoch nicht"*.[181] Kellner meinte damit nicht nur die sieben Söhne Herzog Ernst des Frommen von Sachsen-Gotha, sondern auch die beiden anderen ernestinischen Herzöge von Sachsen-Weimar und Sachsen-Eisenach. Kellner, der neben seiner ärztlichen Tätigkeit auch als Alchemist zum Beispiel für Graf Christoph Ludwig zu Stolberg-Stolberg (1634–1704) im Harz tätig war, bot auch dem Meininger Herzogshaus mehrmals (1694, 1706) seine Dienste als Alchemist an, allerdings erfolglos. Kellner veröffentlichte auch verschiedene metallurgische und alchemische Bücher, darunter 1702 die *Chymische Schatzkammer*,[182] eine Art Fortsetzung von Bechers *Chymischen Glückshafen* mit etwa 200 alchemischen Rezepturen.

Wie schon kurz erwähnt, gab es einen zweiten alchemischen Briefwechsel von Ernst Ludwig mit dem Grafen Anton Günther II. von Schwarzburg-Arnstadt. Dieser Thüringer Herrscher war noch alchemieverrückter als die Meininger Fürsten. Als Alchemist kann man sich ihn vielleicht in etwa so vorstellen, wie in Abbildung 34 dargestellt, auch weil er lange Zeit an einer Geschwulst im Bein litt und nur schlecht laufen konnte. Unter den alchemischen Archivalien Ernst

180 Landesarchiv Thüringen – Staatsarchiv Gotha, 2-13-0021, 5165, Bl. 195.

181 Landesarchiv Thüringen – Staatsarchiv Gotha, 2-13-0021, 5165, Bl. 164.

182 David Kellner: Wohlangerichtetes Aerarium Chymicum Antiquo-Novum oder Alt, erneuert und reichlichst vermehrte Chymische Schatzkammer, Leipzig 1702.

Abbildung 34: Abbildung eines Alchemisten aus der Serie der alchemischen Abbildungen der Rudrauffs.
Quelle: Landesarchiv Thüringen – Staatsarchiv Gotha

Ludwigs finden sich heute noch 13 Briefe von Graf Anton Günther an ihn, alle aus dem Zeitabschnitt zwischen 1696 bis 1701 als Ernst Ludwig noch Erbprinz war.

Im Wesentlichen ging es in diesen Briefen um Heydenabs Pulver, das die Meininger Herrscher auch an auswärtige Fürsten verkaufen wollten. Auf dieses Pulver sind wir schon im Abschnitt über den Hofalchemisten Baron Heydenab eingegangen. – Ende Mai 1700 berichtete der Hofalchemist Baron Heydenab an Herzog Bernhard, dass er im Meininger Labor *„2 centner unndt ettliche Pfundt Pulver vor den Graffen von Arrenstat“* auf Befehl des Prinzen verfertigt habe.[183] Anfang September reiste Heydenab dann persönlich nach Arnstadt, um dort für den Grafen Anton Günther einen alchemischen Prozess anzusetzen.[184] Bei dem Pulver handelte es sich wieder um ein Mittel, Silber partiell in Gold umzuwandeln, wie Heydenab selbst in einem Brief an den Grafen geschrieben hatte.[185] Das Pulver sollte mit *„gar geringen Unkosten“* hergestellt werden können, wobei es *„doch grossen effects in der luna thuet die Markh ein halb lott“* Gold zu erzeugen, also die Ausbeute aus einer Mark Silber (234 g) sollte ein halbes Lot Gold (9,74 g) betragen.

Nach einigen ersten kleinen Tests war Graf Anton Günther allerdings sehr enttäuscht. So schrieb er im August 1700 an Ernst Ludwig, er habe *„inzwischen 7 differente kleine proben iede mit 1 [Pfund] vornehmen lassen, ob nun wohl selbige theils auf voriges mahl theils auf ietzo vorgeschriebene methode, theils auch auf eintragung ins silber untersuchen laßen, so haben sich selbige doch insgesambt sehr Schlecht angelaßen, in deme sich entweder gar nichts, oder zum theil nur 2 a 3 loth ... befunden“*.[186] Daraufhin wurde Baron Heydenab nach Arnstadt geschickt. Heydenab schob den Misserfolg darauf, dass mit der *„praeparation“* des Pulvers *„etwas geeilet worden“* und versprach noch einmal ein Viertel Zentner davon für den Grafen herzustellen.[187] Doch

183 Landesarchiv Thüringen – Staatsarchiv Meiningen, 4-11-2020, 1763, Bl. 44, 46.
184 Landesarchiv Thüringen – Staatsarchiv Gotha, 2-13-0021, 5167, Bl. 12.
185 Landesarchiv Thüringen – Staatsarchiv Gotha, 2-13-0021, 5167, Bl. 14.
186 Landesarchiv Thüringen – Staatsarchiv Gotha, 2-13-0021, 5165, Bl. 291-292.
187 Landesarchiv Thüringen – Staatsarchiv Gotha, 2-13-0021, 5165, Bl. 297-298.

dieser verlor in der Folge das Interesse an dem Pulver des Barons, auch weil er „anderwerts“ vernommen hatte, dass der Prozess zu nichts führen würde.[188]

188 Landesarchiv Thüringen – Staatsarchiv Gotha, 2-13-0021, 5165, Bl. 301-302.

4.4. Der Alchemist Ernst Ludwig I. von Sachsen-Meiningen 1706–1724

Nachdem der erste Herzog von Sachsen-Meiningen, oder wie er sich selbst seit 1699 nannte, von Sachsen-Coburg-Meiningen, am 27. April 1706 verstorben war, wurde sein ältester Sohn Ernst Ludwig sein Nachfolger als Herzog. Ernst Ludwig war noch, bevor sein Großvater Ernst der Fromme 1675 gestorben war, 1672 in Gotha geboren worden. Im Jahr 1689 hatte er im Alter von 17 Jahren eine militärische Laufbahn begonnen, die ihn immer wieder weg aus dem heimatlichen Thüringen in die Kampfzone zwischen dem Deutschen Reich und Frankreich in den Westen Deutschlands führte.[189] Dabei wurde er in unterschiedlichen Formationen als Kommandeur von Kavallerie- oder Infanterieeinheiten eingesetzt, zuerst als Reiteroffizier eines gothaischen Dragonerregiments, später (1694) als kurpfälzischer Generalmajor und schließlich 1703 als kaiserlicher Feldmarschallleutnant. Ernst Ludwig übte diese Offizierslaufbahn über 17 Jahre lang bis zum Tod seines Vaters und der eigenen Übernahme der Herzogswürde 1706 aus. In diesen 17 Jahren wechselte er seinen Aufenthalt daher häufig zwischen den verschiedenen Frontlinien und dem Herzogtum Sachsen-Meiningen. Trotzdem hatte Ernst Ludwig ausreichend Zeit, auch alchemisch aktiv zu werden. Möglicherweise hatte er Anregungen dazu auch bei seinen Aufenthalten außerhalb der Heimat erhalten, zum Beispiel in Düsseldorf bei dem dort residierenden Kurfürsten Johann Wilhelm von der Pfalz, mit dem Ernst Ludwig auch befreundet war.

Nach dem Tod seines Vaters am 27. April 1706 übernahm Ernst Ludwig, offiziell in gemeinschaftlicher Regierung mit seinen Brüdern Friedrich Wilhelm (1679-1746) und Anton Ulrich (1687-1763), das Ruder im Herzogtum. Tatsächlich regierte er als Alleinherrscher, da es ihm gelang, seine Brüder zum Verzicht auf ihre Herrschaftsansprüche

189 Diese Kriege mit Frankreich waren der Pfälzische Erbfolgekrieg (1688–1697) und der Spanische Erbfolgekrieg (1701-1714).

zu bewegen. Mit der Übernahme der Regierungsgewalt endete Ernst Ludwigs aktive Tätigkeit in der Reichsarmee. 1712 erhielt er aufgrund seiner militärischen Verdienste noch den Ehrentitel eines Reichsgeneralfeldzeugmeisters. Er blieb dem militärischen Bereich aber insofern treu, als er für sein kleines Land verhältnismäßig große Armeeeinheiten aufstellte, die er dann zum Teil an andere Staaten, zum Beispiel an Kursachsen, vermietete. Auch kleinere militärische Auseinandersetzungen mit seinen ebenso kleinen Nachbarstaaten scheute er nicht. Dazu gehört neben dem Römhilder Krieg von 1710-11 auch der sogenannte Schalkauer Kirschenkrieg mit Sachsen-Hildburghausen im Jahr 1724, beides aber doch ziemlich harmlose Ereignisse. Seine alchemischen Aktivitäten gingen im Gegensatz zu seinen militärischen Tätigkeiten in der Reichsarmee aber ungebremst weiter. Abbildung 35 zeigt ein Porträt von Ernst Ludwig von Sachsen-Coburg-Meiningen,

Abbildung 35: Porträt des Herzogs Ernst Ludwig I. von Sachsen-Meiningen (1672-1724).
Quelle: Stadtbibliothek/Stadtarchiv Trier, Foto: Anja Runkel

wie er sich in seiner gesamten Regierungszeit nannte. Neben der Alchemie galt seine Leidenschaft aber auch der Musik. Wie Maren Goltz berichtet, war Ernst Ludwig *„ein Musikliebhaber, dichtete und komponierte religiöse Lieder. Er beförderte Johann Ludwig Bach (1677–1731) zum Hofkapellmeister und erhöhte die Zahl der Hofkapellmitglieder.“*[190] Ulrich Heß schilderte Ernst Ludwig als *„zartliebenden Gatten und Vater, ... musischen und tief religiösen Fürsten“*, aber auch als *„gehässigen Intriganten und brutalen Machtmenschen“*.[191]

4.4.1. Die Affäre Dorothea Juliana Wallich 1708–1710

4.4.1.1. Die Vorgeschichte

Die zumindest aus heutiger Sicht spektakulärste Alchemieaffäre am Meininger Fürstenhof war die um die aus Weimar stammende Dorothea Juliana Wallich (1657-1725). Und das schon allein deshalb, weil Frauen als Alchemisten in der Frühen Neuzeit selten waren, sehr selten. Trotzdem enthält auch die Bilderserie, die Ernst Ludwig 1701 von den Rudrauffs erhalten hatte, die in Abbildung 36 dargestellte Alchemistin. Aber Dorothea Juliana Wallich war unter den vielen Alchemisten, die in Meiningen auftauchten, auch die einzige, die als Autorin gedruckter Werke hervorgetreten war. In den umfangreichen Archivalien, die sich um die Alchemieaffäre mit ihr erhalten haben, wird sie auch als *„Walchin“*, *„Wallichin“*, *„Fr. Secretarin Wallichin“* oder dafür kurz *„F.S.W.“* oder *„S.W.“* bezeichnet.

Im Februar 1707 hatte Baron Heydenab dem Herzog schriftlich mitgeteilt, dass er eine Nachricht aus Arnstadt erhalten habe, dort gebe es einen *„Auctor“*, der *„ein reales Werck habe, nemlich auß der Marck Silber 2 Ducaten Gold zu schaiden mit Zuwax deß Silber So innerhalb 10 dagen kan auß gemacht werden“*.[192] Es stellte sich später heraus, dass dieser *„Auctor“* eine Autorin war.

190 Maren Goltz: Musiker-Lexikon des Herzogtums Sachsen-Meiningen (1680-1918), Meiningen 2012, S. 88.

191 Heß: Forschungen, S. 33.

192 Landesarchiv Thüringen – Staatsarchiv Gotha, 2-13-0021, 5167, Bl. 36.

Abbildung 36: Abbildung einer Alchemistin aus der Serie der alchemischen Abbildungen der Rudrauffs.
Quelle: Landesarchiv Thüringen – Staatsarchiv Gotha

Dorothea Juliana Wallich (geborene Fischer) stammte aus Weimar und war, ganz ungewöhnlich für eine Frau, persönlich im Bergbau und alchemisch aktiv geworden.[193] Sie und ihr Mann Johann Wallich (1639-1711), seit 1672 Gerichtssecretarius im Herzogtum Sachsen-Weimar, besaßen auch ein Bergwerk im kursächsischen Bergrevier um Schneeberg, die Dorotheenzeche. Dort hatte Dorothea Juliana Wallich selbst mit silberhaltigen Cobalterzen gearbeitet. Sie gilt auch als Entdeckerin der Thermochromie verschiedener Cobaltverbindungen.[194] Nach etwa 20 Jahren eigener Laborarbeit veröffentlichte sie in den Jahren 1705 und 1706 in kurzer Folge drei alchemische Bücher[195] unter dem Autorenkürzel D.I.W., eine Abkürzung, die sie auch oft bei der Unterzeichnung ihrer Briefe verwendete. In diesen drei Büchern, die sie allgemein bekannt machten, beschrieb sie im Kern ein Erz, eine Minera, mit der es möglich sein sollte, das Universal oder den Stein der Weisen herzustellen. Sie gab nicht genau an, wie diese Minera heißt und wo man sie findet, aber aus der Gesamtschau ihrer drei Bücher und der von ihr geschriebenen Briefe, kann man mit ziemlicher Sicherheit schlussfolgern, dass es sich um ein Wismut- und Cobalt-haltiges Erz aus dem Schneeberger Revier handelte, wahrscheinlich um gediegen Wismut vergesellschaftet mit Kobalt-Arsen-Verbindungen, mit Skutterudit ($CoAs_3$) beziehungsweise Safflorit ($CoAs_2$). Zu ihrer Zeit waren Bezeichnungen, wie Wismut oder Markasit dafür üblich, aber nicht eindeutig, da sie auch andere Erze bezeichnen konnten.

193 Alexander Kraft: Dorothea Juliana Wallich, geb. Fischer (1657-1725), eine Alchemistin aus Thüringen, in: Genealogie. Deutsche Zeitschrift für Familienkunde 33 (2017), S. 539-555.

194 Alexander Kraft: Dorothea Juliana Wallich (1657–1725) and Her Contributions to the Chymical Knowledge about the Element Cobalt, In: Annette Lykknes, Brigitte van Tiggelen (Hsg.): Women in Their Element. Selected Women's Contributions to the Periodic System, World Scientific, Singapore 2019, S. 57-69.

195 Bei den drei Büchern handelt es sich um: Wallich: Das Mineralische Gluten; Dorothea Juliana Wallich: Der Philosophische Perlbaum, Leipzig 1705; Dorothea Juliana Wallich: Schlüssel zu dem Cabinet der geheimen Schatz-Kammer der Natur, Leipzig 1706.

Während ihre drei Büchern im Wesentlichen in einem typisch alchemischen, sehr unkonkreten Stil gehalten sind, sind Passagen ihres dritten Buches genauer und beschreiben eine Reihe von Reaktionen ihrer Minera recht detailliert, so dass sie auch von einem modernen Chemiker nachvollzogen werden können. Abbildung 37 zeigt die Titelblätter ihrer drei Bücher.

Das wichtigste dieser Experimente betrifft die teilweise Auflösung ihrer Minera in Aquafort (Salpetersäure) und die Herstellung eines rosafarbenen Salzes durch Zugabe einer konzentrierten Kochsalzlösung. Dorothea Juliana Wallich hatte mit Hilfe der Salpetersäure Cobalt(II)-nitrat in Lösung gebracht und daraus Cobalt(II)-chlorid hergestellt. Festes Cobaltchlorid ändert die Farbe mit der Temperatur, das heißt, es ist thermochrom. Bei tieferen Temperaturen ist es blassrosa gefärbt, bei höheren Temperaturen wird es blau, und wenn es mit Eisen oder Nickel verunreinigt ist schließlich noch grün. Auch wässrige Cobaltchloridlösungen ändern ihre Farbe mit der Temperatur. Dieser eindrucksvolle reversible Farbwechsel brachte Dorothea

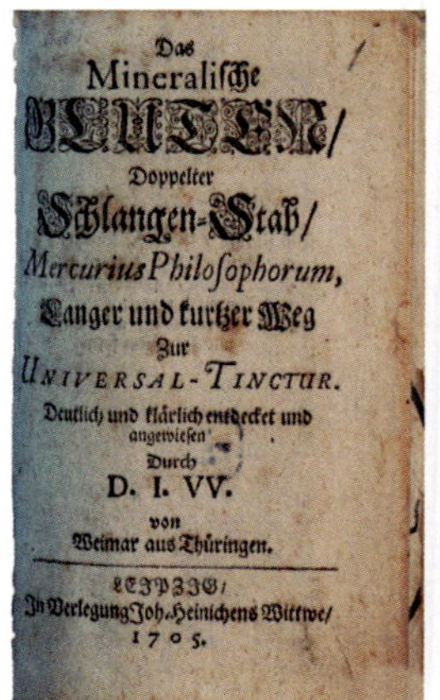
Das
Mineralische
GLUTEN/
Doppelter
Schlangen-Stab/
Mercurius Philosophorum,
Langer und kurtzer Weg
Zur
UNIVERSAL-TINCTUR.
Deutlich und klärlich entdecket und
angewiesen
Durch
D. I. VV.
von
Weimar aus Thüringen.
LEIPZIG/
In Verlegung Joh. Heinichens Wittwe/
1705.

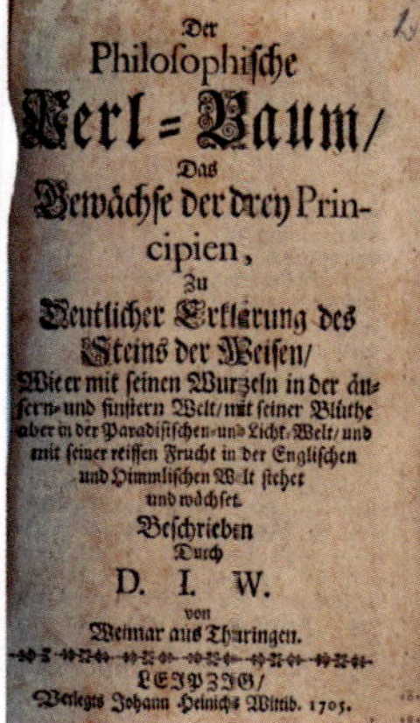
Der
Philosophische
Perl=Baum/
Das
Gewächse der drey Principien,
Zu
Deutlicher Erklärung des
Steins der Weisen/
Wie er mit seinen Wurzeln in der äussern- und finstern Welt/ mit seiner Blüthe
aber in der Paradisischen- und Licht-Welt/ und
mit seiner reiffen Frucht in der Englischen
und Himmlischen Welt stehet
und wächset.
Beschrieben
Durch
D. I. W.
von
Weimar aus Thüringen.
LEIPZIG/
Verlegts Johann Heinichs Wittib. 1705.

Schlüssel
zu
dem Cabinet der geheimen
Schatz-Cammer
der Natur/
Zur
Such- und Findung des Steins
der Weisen/
durch Fragen und Antwort gestellet.
Verfertiget
und der Welt gezeiget
durch
D. I. W.
von
Weimar aus Thüringen.
LEIPZIG/
Verlegts Johann Heinichs Witwe/ 1706.

Abbildung 37: Titelblätter von Dorothea Juliana Wallichs drei alchemischen Büchern, dem *Mineralischen Gluten*, dem *Philosophischen Perlbaum* und dem *Schlüssel zu dem Cabinet der geheimen Schatz-Cammer der Natur*.
Quelle: Staats- und Stadtbibliothek Augsburg

Juliana Wallich auf die Idee, die Stufe der Cauda Pavonis, des Pfauenschwanzes, im Opus Magnum erreicht zu haben. Sie glaubte daher, kurz vor dem Stein der Weisen, dem Universal zu stehen. Das war auch der Grund dafür, die drei Bücher zu veröffentlichen.

In ihrem ersten Buch hatte sie aber auch über einige Particularia berichtet. In der Vorstellung vieler Alchemisten konnte man mit dem Universal jedes beliebige Metall in großen Mengen vollständig in Gold umwandeln, mit einem Partikular nur ein bestimmtes Metall oft nur teilweise in Gold oder gar nur in Silber umwandeln. Dorothea Juliana Wallichs Particularia betrafen die teilweise Umwandlung von Silber in Gold. Nach dem Erscheinen ihrer Bücher versuchte die Weimarer Alchemistin ihr bisher noch nicht vollständig ausgearbeitetes alchemisches Werk mit finanzieller Unterstützung eines Fürsten in die Praxis umsetzen.

4.4.1.2. Dorothea Juliana Wallich als Alchemistin in Arnstadt 1707 und Düsseldorf 1708

Im April 1706 hatte ein gewisser Johann Ernst Heubel (1678–1740)[196] als Dorothea Juliana Wallichs Beauftragter Kontakt zu Graf Anton Günther II. von Schwarzburg-Arnstadt aufgenommen. Die Grafschaft Schwarzburg-Arnstadt, eigentlich Schwarzburg-Sondershausen-Arnstadt, war eines der vielen kleinen reichsunmittelbaren Territorien in Thüringen. Graf Anton Günther II., wir haben ihn schon kennengelernt, war als Liebhaber der Alchemie weithin bekannt und hatte schon mit verschiedenen auswärtigen Alchemisten zusammengearbeitet. Da der Graf zögerte, mit Dorothea Juliana Wallich zu kontrahieren, hatte Heubel während der etwa einjährigen Verhandlungszeit auch versucht, über Baron Heydenab mit Herzog Ernst Ludwig von Sachsen-Coburg-Meiningen in Kontakt zu kommen. Wir haben das am Beginn dieses Abschnitts schon kurz erwähnt.

196 Johann Ernst Heubel wurde 1707/1708 als Gräflich Schwarzburgisch-Arnstädischer Land Commissarius und 1717 als Herzoglich Coburg und Meiningischer Hof- und Legationsrat genannt, später Königl. Polnischer und Kurfürstl. Sächsischer Commissionsrat, gestorben 1740 in Dresden.

Allerdings kam es dann doch im April 1707 zum Vertragsabschluss zwischen Dorothea Juliana Wallich und Graf Anton Günther. Wallich arbeitete danach von April 1707 bis ca. Ende 1707 für den Grafen in Arnstadt, allerdings erfolglos. Nächste Station für sie war Düsseldorf, wo sie wahrscheinlich von etwa Februar bis Juli 1708 für Kurfürst Johann Wilhelm von der Pfalz ebenfalls als eine Art Hofalchemistin tätig war.

In Arnstadt hatte sie zuerst an ihrem Universal gearbeitet, war dann aber zu einem Partikular übergegangen, in Düsseldorf ging es wohl nur um das Partikular. Die Partikularbeiten in Arnstadt und Düsseldorf betrafen die Umwandlung von Silber in Gold. Dabei sollten in einem mehrere Wochen dauernden Prozess etwa 10 % des eingesetzten Silbers in Gold verwandelt werden. Das verbrauchte Silber müsste man ersetzen, dann könnte man den Prozess wieder von Neuem beginnen.

Auch die Arbeiten in Düsseldorf, von denen praktisch nichts bekannt ist, waren nicht von Erfolg gekrönt und Wallich ging nach Arnstadt zurück. Von hier aus kam es nun zu ernsthaften Verhandlungen zwischen der Bergbaualchemistin Wallich und ihrem Beauftragten Johann Ernst Heubel mit Herzog Ernst Ludwig I. von Sachsen-Coburg-Meiningen.

4.4.1.3. Die alchemischen Arbeiten von D.J.W. in Coburg

Herzog Ernst Ludwig schickte während dieser Verhandlungen mit Johannes Marquard von Reichenbach einen Alchemieexperten, dem er vertraute, nach Arnstadt. Wir haben ihn schon im Zusammenhang mit Creutzbergers Prozessvorschrift kennengelernt. Marquard von Reichenbach konnte aus Arnstadt sehr vorteilhaft über Dorothea Juliana Wallich und ihr Werk berichten. So schrieb er an den Meininger Herzog: „*Durchlaucht werden grosse arcana von der Frau, wils Gott erfahren*“. Ernst Ludwig blieb allerdings vorsichtig und verlangte vor Vertragsabschluss die Durchführung von zusätzlichen Vorversuchen auf seiner Burg Lauterburg[197] bei Coburg. Diese Vorversuche fanden dann vom 24. August bis zum 14. Oktober 1708 statt. Im Auftrag von Herzog Ernst Ludwig prüfte Marquard von Reichenbach die Prozessvorschrift von Wallich. Ihr Bevollmächtigter, Johann Ernst Heubel, sowie der Vertraute des Herzogs, Obrist Georg Julius von Damm, waren bei den Versuchen ebenfalls anwesend.[198] Die Beauftragten des Herzogs waren von dem, was sie gesehen hatten, begeistert. So schrieb von Damm, nachdem er von einem Besuch auf der Lauterburg zurück nach Coburg geritten war, am 17. September an den Herzog, der sich zur Kur in Karlsbad aufhielt, dass sich *„Herr Doctr. Marquard und die Fr. Secretarin ... das vorhabende werck vorgenommen, welches der H. Doctor Marquard selber mit eigener hand gemacht, und das werck so woll gefunden, daß er es nicht genugsam rühmen kan*"[199]. Er solle dem Herzog von Marquard von Reichenbach ausrichten, *„daß das werck weit beßer waar als die Fr. Secretarin angeben*". Er, von Damm, *„habe bey einer kleinen scheidung sehr viel Gold kalch gesehen*" und *„unterstehe mich indeßen Euer Hochfürstl. Durchl. zu diesen Werck unterthänigst zu gratulieren, ein werck daß nicht mehr fehl schlagen kan*", geht es in diesem Brief weiter.

Wir können festhalten, Dorothea Juliana Wallich war sehr überzeugend und man hat offenbar sogar mehr Gold erhalten, als von ihr vorher angegeben, auch bei eigenhändigen Versuchen Marquards von Reichenbach, an denen sie nicht direkt beteiligt war. Hatte sie eine Methode gefunden, das Gold unbemerkt unter die zu verwendenden Chemikalien zu mischen? Wir wissen es nicht, aber es kann kaum anders gewesen sein.

197 Die Lauterburg liegt etwa acht km Luftlinie nordöstlich vom Coburger Zentrum. Sie ist heute eine Ruine. Diese Burg im Coburger Land oberhalb der Ortschaft Oberwohlsbach kam 1704 als Mitgift seiner ersten Ehefrau Dorothea Maria von Sachsen-Gotha (1674-1713) in den persönlichen Besitz des damaligen Erbprinzen Ernst Ludwig von Sachsen-Coburg-Meiningen, der sie vor allem als Jagdschloss nutzte. 1709 wurde die alte Lauterburg abgebrochen und als Ludwigsburg in modernerem Stil neu errichtet. Diese Burg wurde nie fertig. Die Reste des Mauerwerks wurden 1959 gesprengt. Heute ist die Ruine wieder begehbar.

198 Landesarchiv Thüringen – Staatsarchiv Gotha, 2-13-0021, 5166, Bl. 127.

199 Landesarchiv Thüringen – Staatsarchiv Gotha, 2-13-0021, 5167, Bl. 291.

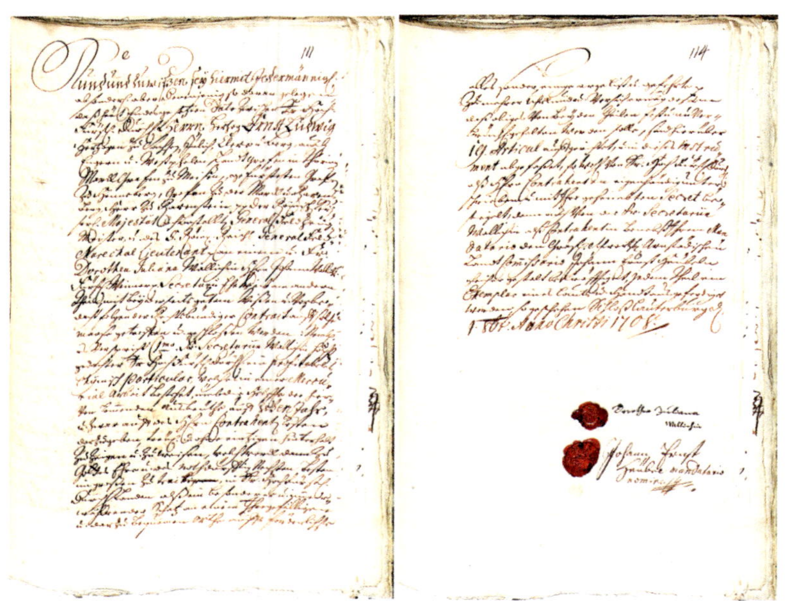

Abbildung 38: Erste und letzte Seite des Vertrages von Herzog Ernst Ludwig I. von Sachsen-Coburg-Meiningen mit Dorothea Juliana Wallich vom 9. Oktober 1708. Der Vertrag trägt nur die Unterschriften von Wallich und ihrem Beauftragten Heubel. Quelle: Landesarchiv Thüringen – Staatsarchiv Gotha

Vom 16. September 1708 liegt auch ein Rezept von Dorothea Juliana Wallich vor, für einen „*Process welchen hier auf der Lauterburg communiciret*".[200] Marquard von Reichenbach bestätigte darauf schriftlich, dass es sich dabei um den Prozess handelt, den ihm Wallich auf der Lauterburg kommuniziert und gezeigt habe. Zu den Details weiter unten.

Nach den begeisterten Berichten seiner Beauftragten gab es für den Herzog keinen Zweifel mehr, und es kam am 9. Oktober 1708 noch auf der Lauterburg zur Unterzeichnung des Vertrages.[201] Es

200 Landesarchiv Thüringen – Staatsarchiv Gotha, 2-13-0021, 5166, Bl. 45-46.

201 Landesarchiv Thüringen – Staatsarchiv Gotha, 2-13-0021, 5166, Bl. 111-114.

war Dorothea Juliana Wallichs dritter Vertrag mit einem deutschen Reichsfürsten. Die erste und letzte Seite dieses Vertrages sind in Abbildung 38 dargestellt. Bemerkenswert ist, dass Dorothea Juliana Wallich als Frau den Vertrag nicht allein unterschreiben konnte, sondern mit ihr musste auch ein Mann unterschreiben. Das wurde in diesem Fall von Johann Ernst Heubel, ihrem gut 20 Jahre jüngeren Beauftragten, übernommen, der als „*mandatario nomine*“ unterschrieb. Normalerweise wäre das eine Aufgabe für Dorothea Julianas Ehemann Johann Wallich gewesen, doch der hielt sich zu dieser Zeit in Schneeberg auf.

In diesem Vertrag, „*verspricht oben benannte Fr. Secretarien, Seiner Hochfürstl. Durchl dem Hertzogen Ernst Ludwig zu Sachsen Coburg Meiningen einen wichtigen chymischen austräglichen Process auff das getreueste zu weisen bis derselbe zu erlernen*“. Der Prozess sollte nach Abzug aller Unkosten auf eine Mark eingesetztes Silber und ein Lot eingesetztes Gold einen Überschuss von mindestens vier Dukaten ergeben. Das heißt in heute üblichen Einheiten ausgedrückt, es sollen pro etwa 234 g eingesetztem Silber und pro 14,6 g eingesetztem Gold mindestens 14 g Gold Überschuss erzielt werden, wie schon erwähnt, nach Abzug aller Unkosten.

Es geht also wieder um einen Partikularprozess, ein Teil des eingesetzten Silbers ist in Gold zu verwandeln, wie schon in den Verträgen mit Graf Anton Günther II. von Schwarzburg-Arnstadt und Kurfürst Johann Wilhelm von der Pfalz. Einen großen Unterschied gibt es aber! Während in Arnstadt und Düsseldorf jeweils nur reines Silber zur Gewinnung von Gold verwendet werden sollte, ist im jetzigen Vertrag von Silber und Gold die Rede, die am Anfang eingesetzt werden. Im Grunde soll jetzt eine ca. 5,9 % Gold enthaltene Silber-Gold-Legierung verwendet werden und durch ihre alchemischen Operationen möchte D.J.W. den Goldgehalt in etwa verdoppeln. Diese Veränderung können wir vielleicht damit erklären, dass Wallich nach den Misserfolgen der Umwandlung des Silbers zu Gold nun glaubte, dass es besser funktioniert, wenn schon etwas Gold als eine Art Goldsamen im Silber vorhanden ist.

Es sollten gemäß Vertrag zuerst von Wallich drei kleine Proben mit jeweils einer Mark Silber und einem Lot Gold gemacht werden, wobei auch der Herzog drei identische Kontrollproben durch von ihm bestimmte Personen machen lassen konnte. Wenn alle Proben das gewünschte Ergebnis zeigen würden, würde *„Seine Hochfürstl. Durchl. zu anrichtung dieses wichtigen Wercks ins große zu tractiren, so gleich ohne fernern an stand ... hundert zwantzig Mark 16 lotig Silber und hundert und zwantzig Loth feines Golds*“ besorgen und nach Anschaffung der übrigen Ingredienzien sogleich darauf die große Probe durchführen lassen.

Wie sollten die erwarteten Gewinne aufgeteilt werden? *„Seine Hochfürstl. Durchl.*“ erstatte *„der Fr. Contrahentin ... vor das communicirte wichtige Arcanum, an dem ins große eingesetzten Werck die Helffte der Ausbeute über alle unkosten und zwar auff 10 Jahr a dato daß dieses chymische Werck ins Große tractiret werden würde*“. Also über 10 Jahre hinweg sollte bei der vom Herzog zu organisierenden und finanzierenden Großproduktion der Gewinn zwischen dem Herzog und der Alchemistin hälftig geteilt werden. Bei dem sogenannten *„großen Werck*“ sollten zwei Direktoren mit einem *„Salario*“ von je 1 000 Talern pro Jahr eingesetzt werden, einer vom Herzog und einer von Dorothea Juliana Wallich. Das waren die wichtigsten Punkte des Vertrages. Diese 1 000 Taler entsprechen einem sehr hohen Spitzengehalt.

Interessant wäre es noch zu wissen, wie hoch denn die jährlichen Profite des *„großen Wercks*“ eigentlich veranschlagt wurden. Auch dazu sind Informationen zu finden. In einem Brief an Heubel hatte Wallich nämlich damit geworben, der Herzog habe *„jährlich auf Ihro Seyten 50000 thl. Profit zu ziehen*“.[202]

Wichtig bei dem Vertrag war, dass die Bezahlung für die Alchemistin nur aus dem Profit des Werkes erfolgen sollte. In der Zeit, bevor es so weit war, war der Herzog nicht verpflichtet, irgendetwas an sie zu zahlen. Wallich hatte also auch die Proben auf eigene Kosten durchzuführen und selbst für ihren Lebensunterhalt in Coburg aufzukommen. Geld, das sie vorher schon bekam, wurde auf ihren späteren Gewinnanteil angerechnet, war also nur geliehen.

202 Landesarchiv Thüringen – Staatsarchiv Gotha, 2-13-0021, 5167, Bl. 69.

Die Umsetzung des Vertrages zwischen Dorothea Juliana Wallich und Herzog Ernst Ludwig I. von Sachsen-Coburg-Meiningen begann im Dezember 1708 und zwar in Coburg, nicht in Meiningen. Als erstes wurde „*Adam Degen Pfarrherr zu Altenstein*" am 28. Dezember 1708 im Bachstädtischen Haus in Coburg von Johann Ernst Heubel und dem Obristen von Damm vereidigt, dass er „*dem Durchlauchtigsten Fürsten u. Herrn Hrn. Hertzog Ernst Ludwig zu Sachsen Coburg u. Meiningen und der Fr. Secretariin Dorothea Juliana Wallichin bey dem chymischen Wercke*" als gemeinschaftlicher Directore dienen soll und dabei „*getreu und Verschwiegen seyn, und das Werck Welches mir an Vertrauet wird keinem Menschen in der Welt wer der auch sey, weder vor Goldt noch auff einige andere Weise, Wie dieses nur geschehen könte oder mögte, offenbahren und von mir geben, auch nicht aufschreiben und bey mir finden laßen wolle*". Er schwur weiterhin, das Werk nach seinem „*besten Vermögen wie es mir vorgegeben wird tractiren u. arbeiten, darinn nichts Verändern, weder davon noch darzu thun, und nach deßen Verferdigung jedes mahl richtig anzeigen, was es gegeben, und Wo ich etwas darinnen Versehen oder Unglück im Feuer gelitten nicht verschweigen*".[203]

Die nun folgenden alchemischen Versuche wurden zunächst meist in Coburg, zum kleinen Teil aber offenbar auch im Labor des Pfarrers in Altenstein durchgeführt. Wallich wies Adam Degen in das vertragsgemäße Partikularwerk ein. Dazu reiste sie auch mindestens einmal selbst nach Altenstein. Sie berichtete darüber in einem Brief[204] an Herzog Ernst Ludwig, dass sie „*zu Altenstein geweßen, den Herrn Pfarr die Reduction gezeiget*".

Man hatte also einen im aktiven Kirchendienst stehenden alchemietreibenden Theologen, einen Alchemistenpfarrer, angeworben. Dieser Adam Degen (ca. 1670-1731) war seit 1706 protestantischer Pfarrer in dem kleinen Dorf Altenstein bei Maroldsweisach in Unterfranken, unweit von Coburg, aber außerhalb des Herzogtums Sachsen-Coburg-Meiningen gelegen. Dieses Altenstein war reichsunmit-

203 Landesarchiv Thüringen – Staatsarchiv Gotha, 2-13-0021, 5167, Bl. 118-119.
204 Landesarchiv Thüringen – Staatsarchiv Gotha, 2-13-0021, 5167, Bl. 53.

telbar und gehörte im fraglichen Zeitraum den Freiherren von Stein zu Altenstein, konkret Freiherr Ernst Ludwig von Stein zu Altenstein (1684-1748). Es wird noch heute von einer imposanten Burgruine gekrönt, die einmal Sitz der Familie von Stein zu Altenstein gewesen war. Ernst Ludwig von Stein zu Altenstein, der Landesherr des Pfarrers Adam Degen, stand als *„Hochfürstl. Sachsen-Meiningischer geheimer Rath und Ober-Hof-Marschall*"[205] auch zeitweise in Diensten von Herzog Ernst Ludwig I. von Sachsen-Coburg-Meiningen. Er begann diese Karriere als *„Fürstl. Hof- und Kammerjunker*", denn als solcher ist er 1702 genannt, später war er „*Ober-Schenck*" und wurde 1713 „*Reise-Stallmeister*".[206]

Das Kirchenbuch von Altenstein zeigt, dass der Pfarrer des Ortes nicht sehr viele Familien zu betreuen hatte. So gab es im Jahr 1709 nur 25 Taufen, 19 Eheschließungen und 30 Beerdigungen und 1710 nur fünf Taufen, sieben Hochzeiten und 13 Beerdigungen. Das ließ ihm offenbar genug Zeit, sich intensiv alchemisch zu betätigen und sogar zu diesem Zweck zeitweise nach Coburg zu reisen.

Laut Vertrag zwischen Dorothea Juliana Wallich und Herzog Ernst Ludwig von Sachsen-Coburg-Meiningen sollte es beim Werk zwei Direktoren geben, für jeden der Vertragspartner einen. Als zweiter Direktor wurde daher am 12. März 1709 der Hofalchemist des Herzogs Baron von Heydenab unter Vertrag genommen und vereidigt.[207] Auch diese Vereidigung fand in Coburg im Bachstädtischen Haus in Anwesenheit von Johann Ernst Heubel und dem Obristen von Damm statt. Damit war Baron von Heydenab dann offenbar der Direktor des Herzogs, während der Pfarrer von Altenstein der Direktor von Dorothea Juliana Wallich war. In dem entsprechenden Schriftstück wurde auch festgehalten, dass die „*Fr. Secretariin Wallichin*" das „*chymische*

205 Genealogisch-schematisches Staats-Handbuch vor das Jahr MDCCXXXXVII (1747), Frankfurt am Main, S. 62.

206 Johann Michael Weinrich: Kirchen und Schulen-Staat des Fürstenthums Henneberg Alter und Mitlerer: deme beygefüget I. Eine panegyrische Vorstellung der Stadt Meinungen Und Derer Hochfürstl. Sachsen-Meinungischen Lande. II. Hennebergia Numismatica in etlichen Lateinischen und Teutschen Dissertationibus, Leipzig 1720, S. 669-670.

207 Landesarchiv Thüringen – Staatsarchiv Meiningen, 4-11-2020, 1763, Bl. 7-8.

arcanum" dem Baron Heydenab „*schrifftl. übergeben u. mit allen Hand Griffen u. Vortheil darbey getreulich anzeigen wird*".

Die Versuche in Coburg fanden im Bachstädtischen Haus[208] statt, wo vorher schon der Obrist von Damm wohnte und wo nun auch Dorothea Juliana Wallich und ihre wechselnden Laboranten und die Directoren des Werkes, also Adam Degen, Heubel und später auch Marchfeld und Zinck, einquartiert wurden. Es wurde in Coburg auch mit dem Bau eines größeren Laboratoriums nach den Vorstellungen von Dorothea Juliana Wallich begonnen. Dieses wurde aber nie fertiggestellt.

Warum wurden die neuen alchemischen Versuche nun in Coburg und nicht mehr im Laboratorium von Meiningen durchgeführt? Das lag wahrscheinlich daran, dass Herzog Ernst Ludwig in dieser Zeit Coburg als Residenzstadt bevorzugte und Meiningen in dieser Hinsicht nur noch die zweite Geige spielte.

Doch zurück zu unserer Alchemistin: Zuerst waren nun die gemäß „*Contract*" notwendigen drei kleinen Proben erfolgreich durchzuführen. Das wurde anfangs von Dorothea Juliana Wallich zusammen mit Adam Degen versucht. In seinem ersten Versuch fand der Pfarrer Degen tatsächlich eine Goldvermehrung. Wallich schrieb an den Herzog, man habe „*vor etlichen tagen eine kleine Probe von dem Werck getan und gesehen daß Gott das Werk meiner Hände gesegnet*".[209] In den weiteren Versuchen fand Adam Degen allerdings keine Goldvermehrung mehr. Er blieb jedoch in den nächsten Wochen noch optimistisch, weil er ja beim ersten Mal erfolgreich laboriert hatte.

Aber nach dem erfolgreichen Vorversuch wollten die drei nötigen kleinen Proben einfach nicht gelingen. Nach einigen Monaten kam Dorothea Juliana Wallich daher in schwere Bedrängnis, zuerst haupt-

208 Das Bachstädtische Haus, auch „Schlößgen" genannt, war der Vorgängerbau des heutigen Bürglaß-Schlößchens in der Coburger Straße Oberer Bürglaß 1. Dieses steht hinter dem Landestheater Coburg. Das Bürglaß-Schlößchen in seiner heutigen Form existiert seit dem Umbau von 1794. Aber schon vorher war das an dieser Stelle stehende Gebäude, das Bachstädtische Haus, ein „ansehnliches Haus". Den Namen hatte es von der Besitzerfamilie von Bachstädt, die es 1654 gekauft und 1721 wieder verkauft hatte.

209 Landesarchiv Thüringen – Staatsarchiv Gotha, 2-13-0021, 5167, Bl. 51.

sächlich durch den Pfarrer Adam Degen, mit dem sie ja zusammen laborierte. Gegenüber dem Herzog rechtfertigte sich Wallich für das Nichtgelingen der Proben mit Lamentieren über das Fehlen oder die langen Beschaffungszeiten notwendiger Gerätschaften und Materialien[210] und mit Beschwerden über *„des pfarr sein zaudern, ... seine faulheit und zancken"*.[211] Aber auch mit dem Baron von Heydenab, den sie allerdings nicht an ihrem Werk mitarbeiten ließ, war sie nicht zufrieden und wollte ihn ersetzt wissen. Der Baron, langjähriger Hofalchemist des Hauses Sachsen-Meiningen, wurde schließlich Mitte 1709 auf Dorothea Julianas Wallichs Bitte hin vom Herzog entlassen. Seine Stelle musste für kurze Zeit durch Johann Ernst Heubel ausgefüllt werden. Im September 1709 wurde schließlich der Arzt Georg Theodosius Zinck (1674–1713) mit der Direktorenaufgabe bei Wallichs Werk betraut. Auf ihn gehen wir weiter unten noch im Detail ein.

Inzwischen eskalierte der Streit zwischen Wallich und Adam Degen immer mehr. Der Pfarrer, der ja seit vielen Monaten hautnah erlebt hatte, dass die Goldvermehrung seiner Patronin nicht funktionierte, konnte sich schließlich nicht mehr zurückhalten. Er hatte schon einige Zeit in der Stadt über sie verbreitet, sie sei *„eine Betrügerin und loßes Weib"*.[212] Nun begann er auch, sie direkt offen persönlich zu beschimpfen. In einen Brief an den Herzog[213] beschwerte sich Dorothea Juliana Wallich unter anderem über *„ein unsäglich schändlich, Gott und gewissenloß Juden geschrey, voller lügen und injurien"*, die der Pfarrer am 17. November 1709 *„über mich ausschrie, ich wehre eine lügnerin, und bedrügerin, schämte mich nicht einen vornehmen reichs Fürsten lügen vor zu schreiben ... und umb 6000 thl bedrügen, es würde mir bald gehen wie dem Cajetano,[214] ich würde bald in die Zeitungen kommen, und viel dergleichen schand reden"*. Mit dem, was er in der

210 Landesarchiv Thüringen – Staatsarchiv Gotha, 2-13-0021, 5167, Bl. 97.

211 Landesarchiv Thüringen – Staatsarchiv Gotha, 2-13-0021, 5167, Bl. 91–93.

212 Landesarchiv Thüringen – Staatsarchiv Gotha, 2-13-0021, 5167, Bl. 91.

213 Landesarchiv Thüringen – Staatsarchiv Gotha, 2-13-0021, 5167, Bl. 91–93.

214 Domenico Manuel Cajetano war ein italienischer Alchemist und betrügerischer Goldmacher, der auf Befehl des Preußischen Königs Friedrich I. im August 1709 in Küstrin (heute Kostrzyn, Polen) gehängt wurde.

Stadt erzählen würde, brächte er sie *„in Spott, Schimpf, Schande und Hohn“* vor aller Welt. Mit ihren Beschwerden beim Herzog erreichte Wallich, dass auch der Pfarrer Adam Degen von ihrem alchemischen Werk abgelöst und zurück nach Altenstein geschickt wurde. Also obwohl Dorothea Juliana Wallich nach den ersten kleinen Tests bei ihren experimentellen Arbeiten in Coburg keine Erfolge mehr erzielen konnte, hatte sie offenbar immer noch das Vertrauen des Herzogs, der nicht sie, sondern die ihr zur Mitarbeit zugeteilten Alchemisten entließ.

Als Laborant arbeitete danach ab November 1709 Johann Valentin Marchfeld bei Wallich. Marchfeld war vorher Laborant im Labor von Georg Julius von Damm gewesen. Es lief in der Zusammenarbeit mit Marchfeld genauso, wie mit Adam Degen. In seiner ersten Probe fand auch Marchfeld eine Goldvermehrung, danach keine mehr. Auf Dauer ging es auch mit Marchfeld und Zinck nicht wirklich besser als mit Degen und Heydenab. Mit Marchfeld kam die Wallichin zwar ganz gut aus, denn er suchte beim Nichtgelingen der Proben die Fehler bei sich selbst, in seiner vielleicht unvollkommenen Durchführung der Experimente. Zinck aber war äußerst skeptisch und warnte den Herzog immer wieder vor ihr. Entscheidend war aber, dass die im Vertrag geforderten drei kleinen Proben nicht gelingen wollten.

Dorothea Juliana Wallich versuchte auch, sich Georg Theodosius Zincks zu entledigen, wie sie es vorher schon bei Degen und von Heydenab erfolgreich getan hatte. So schrieb sie an den Herzog: *„Waß den Doct. Zincken anlanget, Als er die Probe machen sollte, hatt er keinen Grad des Feuers zu geben gewußt, daß Feuer bald zu groß, bald gar kein Feuer gehabt.“*[215] Neben der fehlenden Expertise warf sie Zinck auch vor, im Bachstädtischen Haus, wo sie alle wohnten und experimentieren, mit seinem Bruder, seiner Schwester und ihrem Anhang lange und laut zu feiern, *„manchmahl biß früh 3 uhr, wird aus tag nacht aus nacht tag gemacht, daß schlößgen stehet tag und nacht offen“*, was ja strikt verboten war. Zincks Bruder habe eine Tabaksstube eingerichtet, ein Tabakskränzchen würde sich alle vier Tage treffen. In dem

215 Landesarchiv Thüringen – Staatsarchiv Gotha, 2-13-0021, 5167, Bl. 91–93.

„*stetigen toback schmauch*“ könne man sich nicht besinnen. Georg Theodosius Zinck würde auch seinen Eid brechen, indem er seinen Bruder, seine Frau und deren Mutter in das Werk eingeweiht habe und sie beim Experimentieren zusehen lasse. Seine Frau würde sich sogar in die Arbeiten einmischen und versuchen, dem Laboranten Marchfeld Anweisungen zu geben.[216]

Zinck musste sich gegen diese und andere Anschuldigungen verteidigen und schrieb an den Herzog in einer kurzen Schrift „*Verantwortung auff die falsche Anklage der Secret. Walchin*“ unter anderem über ihr Vorgehen gegen ihre vom Herzog gestellten Mitarbeiter und Aufsichtspersonen: „*Entweder wird an ihrer Treu u. Redlichkeit gezweifelt oder dieselbe verstehen die chymische Arbeit nicht*“, und weiter hinten: „*wie ich dann nicht allein von Ihr vor einen Ignoranten in der chymie sondern auch einen großen negligence von allen beschuldigt wurden.*“[217] Auch nannte er Dorothea Juliana Wallich in diesem Text „*ein böses Laster Maul*“.

Dorothea Juliana Wallich gelang es mit ihren Beschuldigungen diesmal nicht, den Herzog zur Entlassung Zincks zu bewegen. Vielmehr begann nach mehreren Fehlschlägen bei den geforderten Proben Mitte Januar 1710 eine Untersuchung gegen sie, die von Johann Ernst Heubel im Auftrag des Herzogs durchgeführt werden musste. Die Mitschriften der Befragungen von Dorothea Juliana Wallich, Johann Valentin Marchfeld und Georg Theodosius Zinck haben sich im Archiv erhalten.[218] Wallich verteidigte sich in diesem Verhör unter anderem damit, dass die Proben von Marchfeld und Zinck nicht gemäß ihrer Vorschrift durchgeführt worden waren, dass es an den richtigen feuerfesten Gefäßen gemangelt habe, dass man zu scharfes Aquafort verwendet habe und überhaupt, dass es an einem anständigen Labor und guten Materialien und Chemikalien gemangelt habe. Sie könne außerdem nichts für „*untreue hände*“. Dorothea Juliana Wallich machte aber auch Hoffnung, indem sie behauptete, wenn man jetzt

216 Landesarchiv Thüringen – Staatsarchiv Gotha, 2-13-0021, 5167, Bl. 9v.

217 Landesarchiv Thüringen – Staatsarchiv Gotha, 2-13-0021, 5167, Bl. 189–194.

218 Landesarchiv Thüringen – Staatsarchiv Gotha, 2-13-0021, 5167, Bl. 150-153; Landesarchiv Thüringen – Staatsarchiv Meiningen, 4-11-2020, 1764, Bl. 31-37.

genau nach ihrer Vorschrift arbeite und gute Gefäße verwenden würde, könnte man „*lengsten in 7 wochen fertig sein*".

Nach dieser Untersuchung entschloss sich der Herzog daher, die Versuche fortsetzen zu lassen. So kam es zwischen dem 9. Februar und 7. März erneut zu einer Probe, über die Zinck am 8. März 1710 an den Herzog schrieb: „*berichte in tiefster Soubmission daß gestern der Marchfeld mit seiner probe zu Ende kommen, allein mit gar schlechten Effect indem nicht allein die Helfte [Silber] praeter prompter auf und ab verloren gegangen, die Scheidung von einem Quintl. hat wie blaue Dinte aus gesehen und ist keine Scheidung zu nennen.*"[219] Trotzdem gingen die Versuche in Coburg noch bis in den September 1710 weiter.

4.4.1.4. Die Partikularwerke von D.J.W. in Coburg

Kommen wir zur Chemie! Im Gothaer Archiv findet sich auch die Prozessvorschrift des Coburger Werks, aus der auch die Überlegungen Wallichs hervorgehen, wie sie die Umwandlung von Silber in Gold bewirken wollte.[220]

Demnach müsse das Silber vermittels einer Anima Tingens, einer färbenden Seele, in Gold umgewandelt werden. Diese Anima Tingens wurde von Wallich in vielen roten oder gelben Materialien vermutet. Sie nannte sie an anderer Stelle auch den güldischen Sulphur oder den tingierenden Sulphur. Laut der Prozessvorschrift kann man die Anima Tingens aus einem Regulus aus Eisenmann (Fe_2O_3), Braunstein (MnO_2) und Antimon (Sb_2S_3) je 1 Pfund und 0,5 Pfund Pottasche (K_2CO_3) erhalten. Ungenannt blieb in dieser Vorschrift die Zugabe von Kohlepulver. Aber aus den Schriftwechseln der Beteiligten geht ganz klar hervor, dass auch eine größere Menge Kohlepulver zugegeben wurde. Vielleicht wurde sie im Rezept nicht genannt, weil man das für selbstverständlich hielt. Das Kohlepulver ist jedenfalls auch nötig als Reduktionsmittel zur Herstellung des Regulus.

Ein Regulus ist ein Metallklümpchen, in diesem Fall eine wahr-

219 Landesarchiv Thüringen – Staatsarchiv Gotha, 2-13-0021, 5167, Bl. 199.
220 Landesarchiv Thüringen – Staatsarchiv Gotha, 2-13-0021, 5167, Bl. 99.

scheinlich gelblich schimmernde Legierung aus Eisen, Mangan und Antimon, eine Variante des alchemischen Regulus Antimonii Martialis. Das Silber müsse damit „*geschwängert*" werden.

Des Weiteren würde für diesen Prozess auch „*animiertes*" Quecksilber („*Mercurius*") benötigt. Darunter verstand Wallich ein Quecksilber, welches mit Schwefel zusammengeschmolzen und dann als Zinnober abdestilliert wurde und außerdem den tingierenden Schwefel aus dem Regulus aufgenommen hatte. Zinnober (HgS) ist rot und nach Wallichs Theorie hat der Mercurius hier die gelbe Seele des Schwefels in sich aufgenommen.

Laut Prozessvorschrift wurde der so erhaltene Zinnober mit der Hälfte des kleingestoßenen Regulus vermischt und aus einer Retorte wiederum der Mercurius abdestilliert, erneut mit Schwefel gemischt und wiederum das Zinnober abdestilliert. Dieser Prozess wurde mit der zweiten Hälfte des Regulus wiederholt. Der schließlich erhaltene animierte Mercurius sollte nun die färbenden Seelen des Schwefels und des Regulus enthalten.

Damit nun diese Anima Tingens überhaupt ins Silber eindringen kann, wurde das Silber zu einem Kalk gemacht, weil die kleinen Partikelchen „*der Luna*" die tingierenden Geister „*besser begreifen*" könnten. Das geschah durch Auflösung in Salpetersäure HNO_3 und darauffolgende Ausfällung mit Natriumchlorid NaCl. Der Silberkalk war also weißes Silberchlorid AgCl.

Dieser Silberkalk wurde mit dem animierten Mercurius vermischt und dann der Mercurius abdestilliert. Das Silber sollte nun „*güldisch*" sein, weil es die färbenden Seelen aufgenommen habe. Um es zur Reife zu bringen, wurde nun der erforderliche Goldzusatz (eine Art Goldsamen) in Königswasser aufgelöst und dem güldischen Silber zugegeben.

Der kleine Goldzusatz und der animierte Mercurius wurden zusammen in einen Schmelztiegel gegeben und sollten dann im Feuer fließen, gegebenenfalls sei weiteres Rauschgelb als Flussmittel zuzugeben. Dabei würde schließlich die Anima Tingens in das Silber eindringen und einen Teil des Silbers zu Gold tingieren.

Aus der Schlacke, die man am Ende des Prozesses erhält, sind Silber und Gold zu scheiden und es sollte dann etwa doppelt so viel Gold erhalten werden, als man als Goldsamen zugesetzt hatte. Wallich betonte dabei, dass das zur Scheidung verwendete Aquafort keinesfalls zu „*scharf*" sein dürfe, weil es sonst das frische neu entstandene Gold wegfressen würde.

Wallichs Verfahren ist komplizierter, als die bisher betrachteten Prozesse der anderen in Sachsen-Meiningen aktiven Alchemisten. Zur besseren Veranschaulichung dient das in Abbildung 39 gezeigte Prozessablaufschema. Auch dieses Verfahren brachte allerdings nur beim jeweils ersten Versuch von Wallich, später auch noch einmal von Adam Degen und von Valentin Marchfeld jeweils im Kleinen einen Goldzuwachs, danach nie wieder. Stattdessen wurde danach immer ein Verlust von Silber registriert, wahrscheinlich weil es schwer war, das gesamte eingesetzte Silber aus dem Reaktionsgemisch wieder herauszubekommen. Es wurde dann natürlich vermutet, Wallich habe bei den ersten kleinen Versuchen etwas zusätzliches Gold hinein „*practiciret*", um Vertrauen in ihre Prozessvorschrift zu erzeugen. Bei den eigentlichen Proben konnte sie das dann nicht mehr tun, weil das natürlich viel zu teuer gewesen wäre und weil des Herzogs Beauftragte auch gerade darauf achteten.

4.4.1.5. Das Ende der Affäre Wallich

Als man im September 1710 immer noch nicht weiter war als Ende 1708, beschloss Herzog Ernst Ludwig, die Experimente in Coburg einzustellen und in Maßfeld in der Nähe von Meiningen weiterführen zu lassen. Grund dafür war, dass man befürchtete, Wallich könnte versuchen, heimlich aus Coburg zu verschwinden, und dass man sie im Schloss Maßfeld besser unter Kontrolle haben würde und überwachen könne. Und dort gab es ja auch ein Laboratorium. Am 19. September 1710 erhielt Georg Theodosius Zinck jedenfalls die Anweisung, zusammen mit Wallich nach Meiningen zu reisen und die Arbeit am Werk dort fortzusetzen.[221] Aus einer Kostenzusammenstel-

221 Landesarchiv Thüringen – Staatsarchiv Gotha, 2-13-0021, 5167, Bl. 237-239.

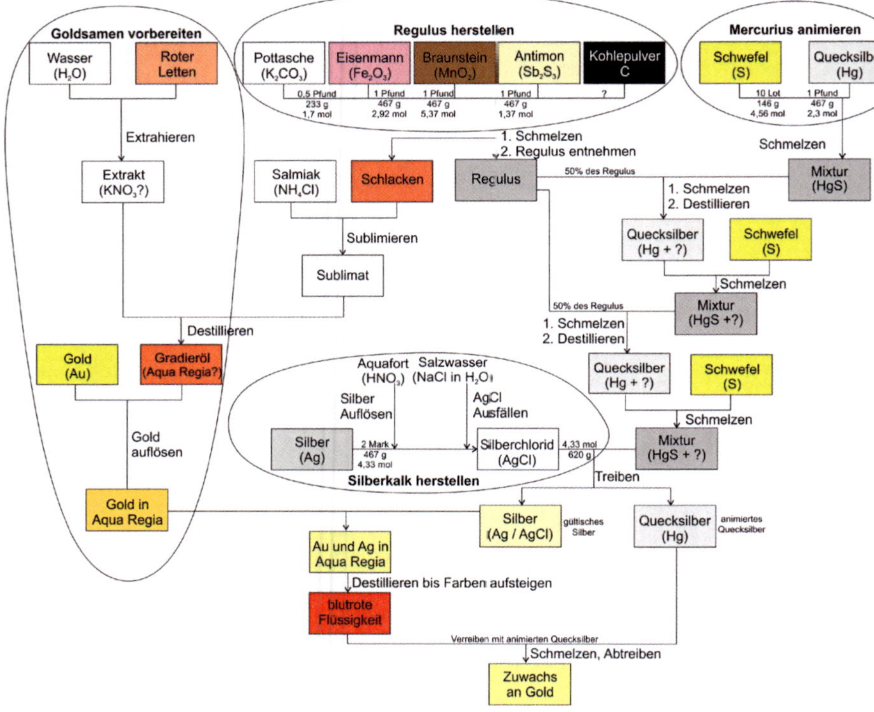

Abbildung 39: Prozessablaufschema eines Partikularprozesses von Wallich, den sie in Coburg durchführen wollte.

lung ergibt sich, dass in diesem Zusammenhang über einen Agenten namens Caspar Friedrich Schmidt Gold, Silber und Aquafort im Wert von 192 Talern, 14 und einem halben Groschen angeschafft wurden. Zinck nannte das neben vielem Gold (22 geschmolzene Ducaten) und Silber „*eine grausame Menge Aquafort*", da außerdem Baron Heydenab 64 Pfund „*überschicket*" habe.[222] Zinck reiste dann Mitte Oktober 1710 noch einmal von Meiningen nach Coburg, um hier zusätzliche Materialien und Chemikalien für die weitere Durchführung des

222 Landesarchiv Thüringen – Staatsarchiv Gotha, 2-13-0021, 5167, Bl. 234-235.

Werks in Maßfeld zu besorgen.[223] Darunter waren auch „*Ein Loht und zwantzig gr. Gold und ein Mk. halb loht Silber*".[224] Damit enden die im Archiv erhaltenen Nachrichten, die wir von Dorothea Juliana Wallich in Coburg und Meiningen haben.

Es ist schon bemerkenswert, dass Wallich trotz ihres andauernden Misserfolges nicht zur Rechenschaft gezogen wurde. Insbesondere wenn man bedenkt, dass eine erfolglose Alchemistin nicht nur als Betrügerin, sondern auch als Hexe verfolgt werden konnte, etwa wie bei Anna Maria Ziegler (ca. 1545-1575) geschehen.[225] Da hatte sie möglicherweise Glück, mit Ernst Ludwig und nicht mit dessen Vater Bernhard kontraktiert zu haben. Unter Herzog Bernhard war nämlich die Hexenverfolgung noch einmal aufgenommen worden und in Sachsen-Meiningen waren auch drei Frauen mit dieser Beschuldigung zum Tode verurteilt und hingerichtet worden, wobei sie jeweils enthauptet und danach verbrannt wurden. So geschehen am 27. Juli 1680 in Neubrunn, am 8. Februar 1681 in Bettenhausen, schließlich am 13. August 1682 in Bauerbach, wo eine 70-jährige Frau zum Opfer wurde.[226]

Ein Grund für ihre milde Behandlung könnte aber auch sein, dass der Herzog nicht ins Gerede kommen wollte, er habe sich als Reichsfürst von einer Frau betrügen lassen. Genau das hatte ihm auch schon Dorothea Juliana Wallich selbst indirekt angedroht, als sie an Johann Ernst Heubel schrieb, der Herzog solle mehr Geld bereitstellen, um sein Renommee zu retten, „*denn wenn ich weg gehe, so wird iedermann sagen Sie hetten sich von einem weibe aufsetzen laßen*".[227]

Dorothea Juliana Wallich hatte im Laufe des Jahres 1710 dann auch schon mehrmals damit gedroht, das Herzogtum Sachsen-Co-

223 Landesarchiv Thüringen – Staatsarchiv Gotha, 2-13-0021, 5167, Bl. 240-244.

224 Ein Lot und 20 Gran Gold entsprechen ca. 21 g Gold, eine Mark halblötig Silber: eine Mark entsprechen etwa 234 g, halblötiges Silber enthält nur 50% Silber.

225 Ute Frietsch: Leben und Sterben in der Alchemie: Die Hinrichtung der Anna Maria Ziegler und die Spur eines Artefakts, in: Petra Feuerstein-Herz (Hsg.): Feurige Philosophie. Zur Rezeption der Alchemie, Wolfenbüttel 2019, S. 15-42.

226 Anon.: Chronik der Stadt Meiningen von 1676 bis 1834, 1. Teil, Meiningen 1834, S. 10, 11 und 13.

227 Landesarchiv Thüringen – Staatsarchiv Gotha, 2-13-0021, 5167, Bl. 69.

burg-Meiningen zu verlassen, so in einem Brief vom 24. Juni an Licentiat Zinck, in dem sie schrieb, sie wolle „*öffentlich und bey hellen tage weg gehen, weil ich nicht uhrsach heimlich weg zu laufen*". Sie wolle dazu an „*den Arnstader herrn* [Graf Anton Günther] *schreiben daß er mich abholen läst, damit niemand sagen darf Ich bin hir weg gelaufen*".[228] Tatsächlich bereitete sie sich aber schon im März 1710 auf eine heimliche Flucht vor, was man aber entdeckte. Um zu verhindern, dass sie aus Coburg heimlich entkommen könnte, hatte man danach begonnen, sie besonders zu beobachten. Zinck bezog ein „*logiment*" direkt neben ihrer Stube, die Gartentür wurde heimlich vernagelt und der Hausschlüssel musste immer bei Zinck abgegeben werden. Trotz aller Vorsichtsmaßnahmen befürchtete Zinck in einem Brief an den Herzog vom 15. März 1710, es könne „*dennoch eine echappierung erfolgen*", denn nichts gehe über „*Weiber-List*".[229]

Dorothea Juliana Wallich ging dann Ende 1710 tatsächlich von Meiningen wieder nach Arnstadt zurück und nicht in ihre Heimatstadt Weimar oder nach Schneeberg, vielleicht weil sie sich bei dem alchemieverrückten Grafen Anton Günther in Arnstadt bessere Chancen ausrechnete, doch noch als Alchemistin zu reüssieren. Wie genau ihre Abreise von Meiningen nach Arnstadt erfolgte, geht nicht aus den Akten hervor, auch nicht, ob sie verfolgt wurde oder ob man es einfach geschehen ließ und doch irgendwie froh war, dass die Sache nun ein Ende hatte, ist nicht überliefert.

Der Herzog war möglicherweise durch den Streit um die Erbschaft seines am 13. Mai 1710 verstorbenen kinderlosen Onkels, des Herzogs Heinrich von Sachsen-Römhild weitgehend abgelenkt. Um Tatsachen zu schaffen, hatte Ernst Ludwig nämlich dieses südlich von Sachsen-Meiningen und zwischen Sachsen-Meiningen und Sachsen-Coburg gelegene Gebiet zügig militärisch besetzen lassen. Es passte nur zu gut zu den beiden von ihm bereits beherrschten Gebieten. Allerdings erkannten die anderen ernestinischen Herzogtümer diese Inbesitznahme nicht an und schickten auch Soldaten. Truppen

228 Landesarchiv Thüringen – Staatsarchiv Gotha, 2-13-0021, 5167, Bl. 229.

229 Landesarchiv Thüringen – Staatsarchiv Gotha, 2-13-0021, 5167, Bl. 225-226.

von Sachsen-Gotha drangen in das Römhildische Amt Themar ein und vertrieben die dortige Meininger Besatzung kampflos. Mitte Dezember 1710 besetzten dann Soldaten von Sachsen-Hildburghausen auch Römhild. Herzog Ernst Ludwig rief gegen die Übermacht von Sachsen-Gotha und Sachsen-Hildburghausen den befreundeten Kurfürsten Johann Wilhelm von der Pfalz um Hilfe an. Der schickte auch Truppen. Es stand eine Eskalation mit tatsächlichen Kampfhandlungen zu befürchten, weshalb der Kaiser einschritt und den Fränkischen Reichskreis beauftragte, militärische Einheiten zu schicken und Kampfhandlungen zu verhindern. Ernst Ludwig versuchte noch vor dem Eintreffen der fränkischen Kreistruppen die Stadt Römhild stürmen zu lassen, was aber misslang. Letztendlich einigte man sich auf Druck des Kaisers friedlich und Sachsen-Meiningen erhielt, wie oben schon angemerkt, zwei Drittel des Amtes Römhild.

Im Schloss von Römhild befand sich auch ein alchemisches Laboratorium, denn auch der verstorbene Herzog Heinrich war alchemisch aktiv gewesen: „*Es war ein feuerfester Raum mit Kamin, Schmelzofen und vollständiger Ausrüstung an feuerbeständigen Tiegeln und Schalen, an Retorten, Phiolen, Kolben von Glas und allen zur Goldmacherkunst nötigen Rohstoffen und Chemikalien.*“[230] Es wurde berichtet, dass Heinrich mit unedlen Metallen laborierte, „*besonders Messing,*[231] *um es unter immer mißglückten Versuchen in Gold zu verwandeln*“.

Doch zurück zu Dorothea Juliana Wallich. Als sie schon einige Zeit wieder in Arnstadt war, wandte sich als Beauftragter des Herzogs Georg Christoph Zinck an den jetzt auch in Arnstadt lebenden Baron von Heydenab, den ehemaligen Hofalchemisten von Meiningen, ob er Auskunft über Fr. Secretärin Wallichin geben könne. Heydenab fragte bei Dorothea Juliana Wallich an, ob er ihren Aufenthalt in Arnstadt an Zinck verraten dürfte. Darauf antwortete sie in einem kleinen Briefchen, sie bitte ihn „*seinen brief so ein zu richten, daß sie weder ge-*

230 Gottlieb Jacob: Heinrich, Herzog von Römhild 1676-1710. Lebens-, Charakter- und Zeitbild, Schriften des Vereins für Sachsen Meiningische Geschichte und Landeskunde 21 (1896) S. 3-104, hier S. 83.

231 Messing ist eine Kupfer-Zink-Legierung mit mindestens 50 Ma% Kupfer. Neben Zink können weitere Metalle, wie Blei oder Zinn, Bestandteil der Legierung sein.

stehen noch leignen daß ich hir bin". Sie fuhr fort: „*Ich förchte mich vor ihrer abholung nicht, schelme und Diebe lest mann abholen welche was peinliches verbrochen, ich hab nichts gethan, förchte mich gar nicht ... wenn der H. Raht Zinck mit dießem vor den Fürsten gehet, so weiß er es schon und kriegt verboht daß die garstige Sache nicht gerühret wird.*"[232]

Dorothea Juliana Wallich blieb dann in Arnstadt und versuchte sich hier auch weiter als Alchemistin durchzuschlagen. Allerdings hatte sie in den vergangenen fünf Jahren als Alchemistin bei drei Reichsfürsten in Arnstadt, Düsseldorf und Coburg ihr Geld und ihr Ansehen weitgehend eingebüßt. Fürstliche Auftraggeber fand sie daher nicht mehr, auch nicht in Graf Anton Günther. Im Arnstädter Kirchenbuch finden wir im „*Todten-Buch*" folgenden Eintrag über eine Beerdigung am 25. Februar 1725: „*Eine arme Frau, Dorothea Wallichin, eine Secret. Wittwe ist frühe hinaus getragen worden.*"[233] Sie ist 67 Jahre alt geworden.

4.4.2. Die Entlassung des Hofalchemisten Baron von Heydenab 1709

In Zusammenhang mit der Affäre um Dorothea Juliana Wallich kam es, wie schon kurz erwähnt, Mitte 1709 auch zur Entlassung des langjährigen Meininger Hofalchemisten Baron von Heydenab. Zu dieser Zeit stand die Alchemistin Wallich bei Herzog Ernst Ludwig noch hoch im Kurs. In einem P.S. zu einem undatierten Brief an den Herzog hatte sich Dorothea Juliana Wallich über Heydenab beschwert und seine Entlassung nahegelegt.[234] Ihr P.S. beginnt mit: „*ob Ich wohl Ihro hoch Fürstl. Durchl. wegen dero Director nichts vor zu schreiben, so sehe dennoch daß weder Sie, noch ich wohl mit den H. Baron Heidenab fahren werden*". Dann bat Dorothea Juliana Wallich den Herzog „*threumüthig und unterthänig Ja umb Gottes Willen ... ihn von dießem Werck zu laßen*". Ihr sei über Baron Heydenab vorgebracht worden, „*das er weder sein Weib noch Kinder liebte, einen Eyd seinen vorigen*

232 Landesarchiv Thüringen – Staatsarchiv Rudolstadt, 5-14-1210, 407.
233 Kirchenbuch Stadtkirche Arnstadt, Beerdigungen 1704–1748, S. 478.
234 Landesarchiv Thüringen – Staatsarchiv Gotha, 2-13-0021, 5167, Bl. 66.

glaubens genossen geschwohren den er nicht gehalten, alle tage voll lebte, nicht eine Stunde nüchtern wehre, in stetigen boldern und braußen ein wild leben führet, mit seinen gelde daß er bekähme langte er nicht hin, lebte desparat, veräußerte waß ihm under die Hände kähme". So die Vorwürfe der Alchemistin über den langjährigen Hofalchemisten des Herzogs. Sie würde befürchten, fuhr Wallich fort, Heydenab „*gebe ihro hoch Fürstliche Durchl. arcana in andere hände sich aus dem unglück zu reißen, wie er denn daß Meiningische werck den herrn grafen geben*" und „*wenn er ein Real werck in die hände bekähme, er würde es an viel ohrten verkaufen und davon nehmen waß er nuhr bekommen könte sich ein stück geld zu machen*". Dorothea Juliana Wallich forderte, „*wir müssen leithe haben die nüchtern seyn, arbeitsam, treu und redlich, keine darvon läufer welche das eyd schweren nicht achten*". Daraufhin wurde Baron von Heydenab tatsächlich entlassen, wobei Herzog Ernst Ludwig sicher schon länger mit ihm unzufrieden war, da die verschiedenen von Heydenab übermittelten und im Laboratorium bearbeiteten Rezepturen sämtlich nicht zum Stein der Weisen geführt hatten.

Als eine Reaktion auf die Entlassung ihres Mannes „*als einen unwürdigen diener*", schrieb Susanna Sabine Baronin von Heydenab am 3. Juli 1709 einen herzzerreißenden Bittbrief an die Herzogin Dorothea Marie von Sachsen-Coburg-Meiningen (1674-1713). Da der „*abschieds Termin nur bis Michaeli gesetzet worden*", also bis zum 29. September 1709, bat sie um „*Continuirung unserer bisher mit höchsten, und unterthänigsten Danck genossenen Besoldung etwan noch bis auf künnfttigen Frühling*",[235] da man im Winter nur schwer eine neue Anstellung finden könne. Dass sie und ihre sechs „*armen, und un erzogenen jungen Kinder*", vier „*büblein*" und zwei „*Medgen*" über den kalten Winter von hier reisen sollen, „*und doch nirgends keine Hülfe weis, so thut mich das sehr und über alle massen schmertzen*". Doch ihr und ihrer armen „*verlassenen Kinder, unterthäniges, und demüthigstes bitten*" bei der gnädigen Herzogin „*als eine quelle der Gnade und Barmhertzigkeit*" half nicht. Der Bitte wurde nicht stattgegeben.

235 Landesarchiv Thüringen – Staatsarchiv Gotha, 2-13-0021, 5167, Bl. 41-42.

Baron Heydenab ging in einem Brief vom 8. Juli 1709 an den Herzog noch einmal auf sein Verhältnis zu Wallich ein.[236] Diese wäre laut Vertrag eigentlich verpflichtet gewesen, ihm den „*bewußten process ... handgreifflich zu zeigen*“. Das sei aber nicht geschehen. Sie habe nur mit dem „*Herrn Pfarrer von Altenstein*“ zusammengearbeitet. Heydenab fuhr fort: „*in dem übrigen habe ich Ihr alleß gethan waß Sie mir befolen hatt*“. Heydenab warnte in diesem Brief den Herzog vor Wallich und dem Pfarrer von Altenstein, „*damit Ihro Durchl. nit in grose Unkosten gesetz werden*“. Die beiden hätten stets „*mit grosem Verlust deß silberß*“ gearbeitet. In einem Brief vom 28. August 1709 akzeptierte Baron von Heydenab dann schließlich seine Entlassung,[237] bat allerdings um eine Viertelstunde Audienz und fragte den Herzog, ob er „*werden unndt wollen mich mit einem knädigen schrüftlichen Abschied versehen, damit ich Anderwerts meine Fortun suchen kann*“. Er bat auch um die vollständige Auszahlung seines wöchentlichen Gehaltes, was oft nicht oder nur teilweise ausgezahlt wurde.

Nach seiner Entlassung brachte Heydenab seine Frau mit den gemeinsamen Kindern nach Erfurt und ging selbst nach Arnstadt, um sich hier im Umfeld von Graf Anton Günther II. als Alchemist und Bergbauexperte durchzuschlagen. So wurde er offensichtlich als Produzent von Aquafort tätig, das er unter anderem auch an den Herzog von Sachsen-Coburg-Meiningen verkaufte, obwohl Wallich nicht viel von der Qualität von Heydenabs Scheidewasser hielt.

In den Jahren 1711 bis 1713 kam es in Arnstadt zu einem Scheidungsverfahren der Ehe von „*Christoph Ferdinand Baron von Heydenab, Reichsfreyer, Berg-Haubtman und Cammer Juncker*“ und Susanna Sabine von Heydenab, geborene Lange.[238] Das war damals im Deutschen Reich nur in protestantischen Regionen möglich und auch dort ein ziemlich ungewöhnlicher Vorgang. Nach Emil Einert (1826-1896), der sich mit dem Fall detailliert beschäftigt hat, erhob Baron Heydenab im April 1711 in Arnstadt vor dem kirchlichen Konsistorium

236 Landesarchiv Thüringen – Staatsarchiv Gotha, 2-13-0021, 5167, Bl. 40

237 Landesarchiv Thüringen – Staatsarchiv Gotha, 2-13-0021, 5167, Bl. 62.

238 Landesarchiv Thüringen – Staatsarchiv Rudolstadt, 5-14-1230, 02554/1, Datierung: 1711–1713.

Klage gegen seine abwesende Gemahlin, eine Kaufmannstochter aus Hamburg. Um eine Ehescheidung zu erreichen, beschuldigte er sie, ihn bereits vor sieben Jahren verlassen und viel Geld verschwendet zu haben. Er wisse auch nicht, wo sie sich aufhalte.[239] Nach einigem Hin und Her wurde die Baronin Heydenab gefunden. Sie war inzwischen Hofmeisterin bei der Gräfin von Leiningen-Dagsburg im Westen des Deutschen Reiches. Die Baronin von Heydenab legte dann in dem Verfahren dar, dass ihr Mann sie vor zwei Jahren in Erfurt allein und ohne Geld mit den Kindern zurückgelassen habe. Dass sie ihn vor sieben Jahren verlassen und außerdem 14.000 Taler „*verthan und verhaust*" habe, sei gelogen. Es sei auch nicht das erste Mal in ihrer Ehe gewesen, dass er sie verlassen habe. Da sie über keine finanziellen Mittel verfügte, sei sie von Erfurt zu ihrer Familie nach Hamburg zurückgegangen, bis sie endlich eine Stelle als Hofmeisterin gefunden habe. Sie wolle nicht weiter mit ihrem Mann zusammenleben, aber sich auch nicht scheiden lassen, damit er nicht neu heiraten könne. Am Ende des Verfahrens wurde genau so entschieden: Es fand keine Scheidung der Ehe statt, aber dem Ehepaar wurde zugestanden, weiterhin getrennt zu leben, bis Baron Heydenab finanziell in der Lage sei, seine Familie zu versorgen. Dazu ist es dann wohl nicht mehr gekommen.

Bemerkenswert ist vielleicht noch, dass die einstigen Kontrahenten, Baron Heydenab seit 1709 und Dorothea Juliana Wallich nach Ende 1710, in Arnstadt lebten, wo sie beide auch gestorben sind. Der „*Baron de Heidenapp*" starb am 26. März 1729 in Arnstadt und wurde dort auch einen Tag später begraben, wobei sein Sarg von acht Studiosi getragen und von acht Laternen begleitet wurde. Er war so arm, dass keinerlei Gebührenzahlung an die Stadtkirche Arnstadt erfolgen konnte.[240]

Zwei seiner Söhne machten dann aber eine respektable Karriere im Dienst von Landesfürsten im fränkischen Raum. Ernst Wilhelm Anton von Heydenab (1701-1758) wurde Kammerherr und Obrist-

239 Emil Einert: Baron von Heydenab und seine „Desertricin", Archiv des Deutschen Adels 1 (1889), 4, S. 37-40.

240 Kirchenbuch Stadtkirche Arnstadt, Beerdigungen 1704-1748, S. 580.

falkenmeister bei Markgraf Carl Wilhelm Friedrich von Brandenburg-Ansbach (1712-1757, Markgraf seit 1729). Außerdem war er Oberamtmann von Gunzenhausen und Bauherr des Heydenab'schen Hauses in Weidenbach, zu dem auch eine große Brauerei gehörte, sowie des Palais Heydenab in Gunzenhausen. Sein Bruder Bernhard August von Heydenab (1705-1742) wurde brandenburgisch-kulmbachischer Oberstallmeister.

4.4.3. Georg Theodosius Zinck als Hofalchemist 1709–1713

Im Kapitel, das die Affäre rund um Dorothea Juliana Wallich beleuchtete, haben wir bereits erfahren, dass ab September 1709 Georg Theodosius Zinck als gemeinschaftlicher Director bei ihrem Werk eingesetzt worden war. Mit der entsprechenden Bestallung[241] von Zinck durch Herzog Ernst Ludwig I. von Sachsen-Coburg-Meiningen begann am 16. September 1709 auch seine Tätigkeit als neuer Hofalchemist. Er wurde zwar an keiner Stelle in den Akten so genannt, aber faktisch war er in dieser Hinsicht der Nachfolger des Barons von Heydenab.

Die Familie Zinck gehörte zu den noch aus der hennebergischen Zeit stammenden *„alten Meininger Beamtengeschlechtern"*.[242] Über viele Generationen stellte sie wichtige Persönlichkeiten der Stadt Meiningen, der Grafschaft Henneberg und später im Herzogtum Sachsen-Meiningen. Einem genealogischen Überblick[243] zufolge kam der Stammvater Friedrich Zinck aus Würzburg. Dessen Urenkel Johann Zinck (1553-1635) war Stadtrichter im hennebergischen Schleusingen. Johanns Sohn Salomon Zinck (1605-1674), der Großvater unseres Georg Theodosius, war Regierungsrat in Meiningen. Sein Sohn Georg Christoph Zinck (1648-1729) wurde Arzt (Med. Doct.), Fürstlich Sächsischer Rat und erster Leibmedicus von Herzog Bernhard I.,

241 Landesarchiv Thüringen – Staatsarchiv Gotha, 2-13-0021, 5167, Bl. 78-79.

242 Heß: Forschungen, S. 186-187.

243 Johann Werner Krauß: Beyträge zur Erläuterung der Hochfürstl. Sachsen-Hildburghäusischen Kirch- und Schul- und Landes-Historie, 4. Teil, Hildburghausen 1754, S. 27-29.

sowie auch Oberbürgermeister in Meiningen, mithin eine sehr einflussreiche Persönlichkeit.

Georg Theodosius Zinck, geboren 1674 in Meiningen, stammte aus der ersten Ehe seines Vaters mit der 1684 verstorbenen Christina Kley. Er folgte den Fußstapfen seines Vaters und wurde ebenfalls Arzt und trat auch in den Dienst des Herzogs von Sachsen-Meiningen. Georg Theodosius schloss sein Medizinstudium 1701 an der Universität Altdorf in der Nähe von Nürnberg als Licentiat ab. Von ihm erschien in diesem Zusammenhang 1701 in Altdorf die Dissertation *de venae sectione*, also eine Schrift über die Sektion der Venen. Diese Dissertation, deren Titelblatt in Abbildung 40 dargestellt ist, wurde von Georg Theodosius Zinck seinem Vater Georg Christoph Zinck und Herzog Bernhard von Sachsen-Coburg-Meiningen gewidmet.

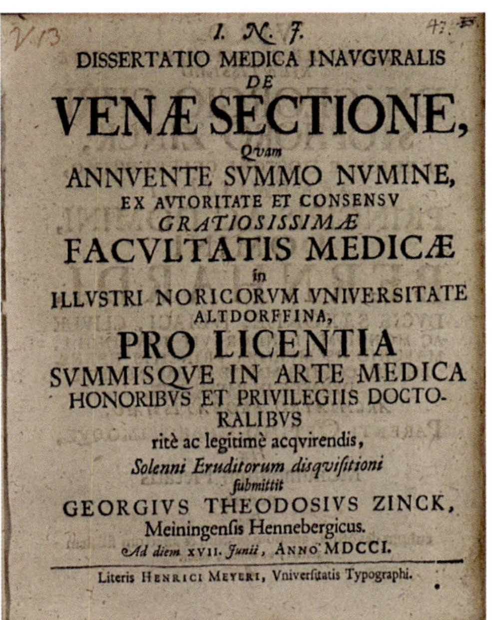

I. N. J.
DISSERTATIO MEDICA INAVGVRALIS
DE
VENÆ SECTIONE,
Qvam
ANNVENTE SVMMO NVMINE,
EX AVTORITATE ET CONSENSV
GRATIOSISSIMÆ
FACVLTATIS MEDICÆ
in
ILLVSTRI NORICORVM VNIVERSITATE
ALTDORFFINA,
PRO LICENTIA
SVMMISQVE IN ARTE MEDICA
HONORIBVS ET PRIVILEGIIS DOCTORALIBVS
ritè ac legitimè acqvirendis,
Solenni Eruditorum disqvisitioni
submittit
GEORGIVS THEODOSIVS ZINCK,
Meiningensis Hennebergicus.
Ad diem XVII. *Junii*, ANNO MDCCI.

Literis HENRICI MEYERI, Vniversitatis Typographi.

Abbildung 40: Titelblatt der Dissertation von Georg Theodosius Zinck an der Universität Altdorf aus dem Jahr 1701. Quelle: Niedersächsische Staats- und Universitätsbibliothek Göttingen

1705 wurde Georg Theodosius Zinck Stadt- und Landphysicus zu Meiningen,[244] 1706 nach dem Tod Herzog Bernhards und der Amtsübernahme durch Ernst Ludwig auch dessen Hofmedicus. Am 18. August 1706 heiratete er in Meiningen Johanna Rumpel (?-1749), eine Tochter des Salzunger Superintendenten und Dichters Johann Heinrich Rumpel (1650-1699). Kinder aus dieser Ehe sind nicht bekannt.

Als Georg Theodosius Zinck im September 1709 zum Director des Werks von Wallich eingesetzt wurde, geschah das gemäß Bestallung *„seiner zu Meiningen habenden Function u. Physicat ohnbeschadet"*.[245] Trotzdem musste er für etwa ein Jahr nach Coburg übersiedeln, wo er im Bachstädtischen Haus untergebracht wurde. In seiner Bestallung wurde Zinck ein Salario von 1 000 Reichstaler jährlich zugesagt, allerdings aus dem Profit des Werkes. Dieses Spitzengehalt erhielt er nie. *„Ehe u. Bevor aber das anzurichtende Werck seine behörige Ausbeuthe geben u. abwerffen wird"*, sollte er wöchentlich vier Taler bekommen, was also einem Jahresgehalt von 208 Talern entspricht.

Allerdings blieb ihm Herzog Ernst Ludwig die zugesagten Zahlungen oft schuldig. So schrieb Zinck in einem Brief vom 9. August 1710, dass *„über ein vierthel Jahr verstrichen, daß ich von Ihro Hochfürstl. Durchl. nichts an Kostgeld, welches doch wöchentl. Ihro Hochfürstl. Durchl. mir genadigst consentiret erhalten"*. Seine *„dringende Noht und mein vor augen schwebender ruin"* zwängen ihn diesen Brief zu schreiben. Er müsse seine *„praxin medicam entbehren, capitalia aufnehmen und Schulden mit Schulden haufen ..., welche mich als einen Anfanger ziemlich drücken"*.[246] Im Oktober 1710 schrieb Zinck dann sogar, wenn er das ihm zustehende Geld *„nicht erhalte weiß ich meine Ehre in Coburg nicht zu retten"*.[247]

Georg Theodosius Zinck war gegenüber Dorothea Juliana Wallich und ihrem Werk, auch gegenüber Adam Degen und Johann Valentin Marchfeld von Anfang an sehr skeptisch eingestellt. Er warnte den

244 Stadtphysicus in Meiningen und Landphysicus in den Ämtern Meiningen und Maßfeld.

245 Landesarchiv Thüringen – Staatsarchiv Gotha, 2-13-0021, 5167, Bl. 78-79.

246 Landesarchiv Thüringen – Staatsarchiv Gotha, 2-13-0021, 5167, Bl. 232-233.

247 Landesarchiv Thüringen – Staatsarchiv Gotha, 2-13-0021, 5167, Bl. 240.

Herzog immer wieder eindringlich davor, weiter Zeit und vor allem Geld in die aussichtslosen alchemischen Prozesse von Wallich zu investieren.

Das bei einigen wenigen Proben Goldzuwachs gefunden wurde, erklärte Zinck so: „*Marchfeld hat gleichfals bey der ersten probe [Gold] gefunden, hernach niemahlen wieder, ob Er ob gleich noch zu 4mahlen versucht, ob ihme etwas mögte hinein practiciret worden seyn, stelle dahin.*"[248] Noch kurz vor Ende der Affäre Wallich im Oktober 1710 in Meiningen mahnte Zinck den Herzog: „*Ew Hochfürstl. Durchl. versichere mit meinem Gewissen, daß der S.W. angegebenes chymisches Werck eine bloße chimäre Sie hat es selbsten nicht probiret kann auch keine probe zu Marck bringen, welches Ihro Hochfürstl. Durchl. in der that schon erfahren und mit vielen Unkosten noch erfahren werden.*"[249]

Mehrmals versuchte Zinck, von seinen Pflichten als Hofalchemist entbunden zu werden. So schrieb er am 19. September 1710, wenn „*Ihro Hochfürstl. Durchl. dennoch gesonnen das große Werck zu unternehmen ... mich werden Ihro Hochfürstl. Durchl. verschonen ...*"[250], und am 7. Oktober 1710 hieß es: „*Ihro Hochfürstl. Durchl. haben die große Gnade vor mich und entlaßen mich meiner Pflichten damit künftig hin nur nach meiner Reputation und Vermögen conservire.*"[251]

Georg Theodosius Zinck musste aber auch nach Dorothea Juliana Wallichs Verschwinden Ende 1710 das Alchemielabor in Meiningen weiter betreiben, sicher nun parallel zu seiner Tätigkeit als Stadt- und Landphysicus sowie Hofmedicus. So berichtete er in einem Brief[252] vom 18. Oktober 1712 von einem katholischen Geistlichen, mit dem der Herzog offenbar zusammenarbeiten wollte, und der nun in Meiningen eingetroffen war, um den Vertrag mit dem Herzog zu unterzeichnen. Bei dem Werk des ungenannt bleibenden katholischen Geistlichen ging es darum, mit einem Pfund von dessen geheimer Tinktur und 30 Pfund Zinnober Quecksilber so zu fixieren, dass

248 Landesarchiv Thüringen – Staatsarchiv Gotha, 2-13-0021, 5167, Bl. 211-212.
249 Landesarchiv Thüringen – Staatsarchiv Gotha, 2-13-0021, 5167, Bl. 240.
250 Landesarchiv Thüringen – Staatsarchiv Gotha, 2-13-0021, 5167, Bl. 237-239.
251 Landesarchiv Thüringen – Staatsarchiv Gotha, 2-13-0021, 5167, Bl. 240.
252 Landesarchiv Thüringen – Staatsarchiv Gotha, 2-13-0021, 5167, Bl. 254-255.

man durch Transmutation des Quecksilbers Silber mit einem kleinen Goldgehalt erhalten würde. Ein Teil der Mischung der Tinktur mit Zinnober könne 30 Teile Quecksilber fixieren.

Georg Theodosius Zinck starb dann aber recht plötzlich Anfang 1713. Er wurde am 16. Februar 1713 als „*Hoffmedicus wie auch Stadt u. Landphysicus*“ in Meiningen begraben.[253] Er wurde nur 38 Jahre alt.

4.4.4. Herzog Ernst Ludwig wird zum Alchemie-Skeptiker

Aus der nicht mit den bisher genannten Zincks verwandten Salzunger Familie Zinck stammte der Theologe Johann Adam Zinck (1653-1729), der seit 1676 Diakon in Wasungen und ab 1706 Pastor in Frauenbreitungen war. Beide Orte lagen im Herzogtum Sachsen-Meiningen. Johann Adam Zinck, noch ein Alchemistenpfarrer, war auch stark an Alchemie interessiert und korrespondierte zu diesem Thema mit seinem Landesherrn Herzog Ernst Ludwig I. Im November 1709, die Versuche mit Wallich liefen noch auf Hochtouren, sandte er Herzog Ernst Ludwig eine längere Abhandlung über seine Erkenntnisse in der Alchemie. Da Ernst Ludwig darauf offenbar nicht einging, erinnerte Zinck ihn in einem Brief vom Januar 1710 noch einmal an seinen Aufsatz über seine „*Erkäntnüß in chymia secretori*“. Außerdem teilte Zinck dem Herzog mit, sein Sohn, der Arzt Johann Adam Zinck Jr. (1683-1714) habe eine Methode gefunden, „*zum grund-Saltz der Metalle zu gelangen*“ und damit zum „*Universal*“.[254] In einer Biografie von Johann Adam Zinck Sr. aus dem Jahr 1751 findet man eine Liste von zehn von ihm verfassten alchemischen Schriften, die zu diesem Zeitpunkt noch als Manuskript vorlagen,[255] aber wahrscheinlich nie im Druck erschienen und inzwischen verloren gegangen sind. Der Theologe Johann Adam Zinck war also als alchemischer Privatgelehrter außerordentlich produktiv gewesen.

253 Kirchenbuch Stadtkirche Meiningen, Beerdigungen 1713-1742, S. 4.

254 Landesarchiv Thüringen – Staatsarchiv Gotha, 2-13-0021, 5167, Bl. 175rv.

255 Johann Heinrich Zedler: Grosses vollständiges Universal-Lexikon aller Wissenschaften und Künste, Band 62 (Zev-Zi), Leipzig und Halle 1751, S. 851-853.

Auch der junge Johann Adam Zinck korrespondierte mit Ernst Ludwig und berichtete als Landeskind seinem Herzog von seinen Fortschritten im Medizinstudium in Erfurt, Jena und Halle und insbesondere über seine neuen Erkenntnisse in der Alchemie, „*dem Studio Hermeticae Philosophicae et Alchymistae*". Möglicherweise hatte er vom Herzog von Sachsen-Meiningen den Auftrag erhalten, bei seinen auswärtigen Studien über neuere Erkenntnisse in der Alchemie zu berichten. In einem Brief vom 16. April 1710 bat Johann Adam Zinck Jr., mittlerweile Stadtphysicus von Münden (Hann. Münden), den Herzog „*das hochFürstl. Laboratorium in Meinungen auff ein Jahr mir zu eröffnen*".[256] Zinck glaubte, ein Menstruum gefunden zu haben, das Gold und Silber „*radicaliter solviret, in eine Vegetation bringet*" und so zum Stein der Weisen gelangen zu können. Die entsprechende Vorschrift wollte er in Meiningen, auch zum Nutzen des Herzogs und der Bewohner seiner Heimat ausarbeiten. Herzog Ernst Ludwig, der immer unzufriedener mit der für ihn arbeitenden Alchemistin Wallich wurde, ging darauf nicht ein.

Aus den erhaltenen Archivalien ergibt sich auch, dass nach dem Fehlschlag mit Dorothea Juliana Wallich und dem Tod des jungen Georg Theodosius Zinck Anfang 1713 die alchemischen Bemühungen von Herzog Ernst Ludwig deutlich zurückgefahren wurden. Das muss auch nicht verwundern, denn diese hatten ja bereits 1693 begonnen, dauerten also schon 20 Jahre an, hatten viel Geld gekostet, aber zu keinerlei Erfolg geführt. Mitte 1713 schien es sogar, dass Ernst Ludwig der Alchemie ganz abschwören wollte. Das ging so weit, dass das Meininger Laboratorium, nachdem es 15 Jahre der Alchemie gedient hatte, zur Werkstatt eines Wagners umgewidmet wurde.[257]

Aber ab Mitte 1713 meldeten sich doch noch einmal interessante Alchemisten bei Herzog Ernst Ludwig, und da er in seinem Innersten offenbar doch noch an die Alchemie glaubte, begannen damit nach nur wenigen Monaten Pause wieder alchemische Unternehmungen, allerdings in deutlich kleinerem Umfang. Als neuer Verantwortlicher

256 Landesarchiv Thüringen – Staatsarchiv Gotha, 2-13-0021, 5167, Bl. 213-214.

257 Landesarchiv Thüringen – Staatsarchiv Gotha, 2-13-0021, 5167, Bl. 246r.

wurde nach Georg Theodosius Zincks Tod dessen Vater Georg Christoph Zinck die undankbare Aufgabe übertragen, sich um die alchemischen Projekte im Herzogtum zu kümmern. Er stand zu diesem Zeitpunkt schon in seinem 65. Lebensjahr.

Das Zedlersche Universalexikon berichtet über ihn, dass er, aus Meiningen stammend, an den Universitäten Jena und Straßburg Medizin studiert hatte und 1671 im elsässischen Straßburg zum Doctor der Medizin promoviert wurde. Er habe dann noch weitere Erfahrungen gesammelt, darunter bei Lic. Chilian in Eisleben *„in der Chymie"*. Er ging dann nach Meiningen zurück und wurde 1677 zum Physicus der Ämter Maßfeld und Meiningen berufen. Diese Ämter hatte er bis 1706 zu versorgen, als sein Sohn Georg Theodosius sein Nachfolger wurde. Georg Christoph Zinck war seit 1689 Vize- und seit 1694 Erster Leibmedicus von Herzog Bernhard von Sachsen-Meiningen. Neben seinen ärztlichen Tätigkeiten wurde er auch zeitweise Oberbürgermeister von Meiningen und Hochfürstl. Sachsen-Coburg-Meiningischer Rat und als solcher zeitweise Mitglied der Fürstl. Steuer-Commission und des Landes-Polizey-Collegio.[258]

Da er viele wichtige Ämter bekleidete, wird Georg Christoph Zinck die alchemischen Projekte sicher nur in Teilzeit betreut haben, so dass man ihn keinesfalls als Hofalchemisten bezeichnen kann. In Briefen aus Meiningen an Herzog Ernst Ludwig in Coburg, in denen er alchemische Fragestellungen ansprach, berichtete er dementsprechend auch immer wieder über den Gesundheitszustand von Mitgliedern der Herzogsfamilie in Meiningen.

Der erste vielversprechende Alchemist, der sich im Juni 1713 an den Herzog gewandt hatte, war der Hauptmann Johann Christoph Weydemann,[259] der schon seit Jahrzehnten in Deutschland als Alchemist aktiv und auch weithin bekannt war. In Berlin hatte er 1697/98 in Zusammenhang mit seinem *„Silber Laboriren"* auch schon im Hausvogtei-Gefängnis gesessen.[260] Weydemann hielt sich bei seiner

258 Johann Heinrich Zedler: Grosses vollständiges Universal-Lexikon aller Wissenschaften und Künste, Band 62, Leipzig 1749, S. 840-841

259 Landesarchiv Thüringen – Staatsarchiv Gotha, 2-13-0021, 5167, Bl. 258-9.

260 Geh. Staatsarchiv Preußischer Kulturbesitz Berlin, I. HA Rep. 94 IX C Nr. 9, Bl. 1r.

Kontaktaufnahme mit dem Meininger Herzog zusammen mit einem Dr. Olearius in der kleinen Ansiedlung Lehmannsbrück bei Angstedt auf, das zur Grafschaft Schwarzburg-Arnstadt des Grafen Anton Günther II. gehörte. Heute ist Lehmannsbrück nach Ilmenau eingemeindet. Weydemann bot dem Herzog ein alchemisches Werk an, zögerte aber persönlich nach Meiningen zu kommen und es dort vorzuführen. Es kam trotzdem zu einem „*Contract*" zwischen Ernst Ludwig und Weydemann, in dem vereinbart wurde, dass der Herzog seine Beauftragten zu Weydemann senden würde und diese dann dort von ihm den Prozess lernen sollten. Daraufhin wurden Georg Christoph Zinck und der „*Bergcommissarius Heim*" aus Schweina im Januar 1714 nach Lehmannsbrück geschickt, wo Weydemann ein Laboratorium zur Verfügung stand. Von dort berichtete der alte Zinck an Herzog Ernst Ludwig über die vielfältigen Schwierigkeiten, die es mit Weydemann, Dr. Olearius und deren Laboranten gab, aber auch über einige Details des Prozesses.

Weydemanns Arcanum war ein weißes Pulver, das mit „*Arsenicum*" und Weinstein vermischt werden sollte. Das Arsenicum, also für den modernen Chemiker ist das Arsenik As_2O_3, sollte dann metallisch gemacht werden, also zu elementarem Arsen (modern) oder Regulus Arsenici (alt) umgesetzt werden. Das kann durch Einsatz eines geeigneten Reduktionsmittels, zum Beispiel Kohle, relativ einfach im Schmelztiegel erfolgen. Auch Weinstein ist als Reduktionsmittel dafür geeignet.

Georg Christoph Zinck und Heym kehrten dann zusammen mit einem Laboranten des Hauptmanns Weydemann nach Meiningen zurück. Am 21. Januar 1714 berichtete Zinck von dort in einen Brief an den Herzog in Coburg, dass, wenn der notwendige Ofen aufgebaut wäre, auch Weydemann selbst kommen würde, um die notwendigen Handgriffe seines Werkes zu zeigen.[261] Da aber das Meininger Labor nicht mehr zur Verfügung stand, ging man wieder ins Schloss Maßfeld, um dort den Ofen aufzubauen und die Experimente durchzuführen. Letztendlich konnte sich Herzog Ernst Ludwig dann aber

261 Landesarchiv Thüringen – Staatsarchiv Gotha, 2-13-0021, 5167, Bl. 246.

doch nicht entschließen, in dieses Projekt wirklich einzusteigen, und es verpuffte ins Nichts. Weydemann und Olearius waren später, um 1718, in eine kursächsische Schatzgräberaffäre verwickelt, die sich im schwarzburgischen Berga abspielte.[262]

Auch ein gewisser Orschall meldete sich etwa Mitte 1713 bei Georg Christoph Zinck mit einem „*process mit dem arsenico*".[263] Das wird aber sicher nicht der bekannte Laborant Johann Christian Orschall gewesen sein, sondern sein Sohn Johann Anton Orschall, der sich im selben Jahr auch bei Graf Anton Günther von Schwarzburg-Arnstadt angedient hatte.

Sein Vater, ursprünglich ein Laborant in Dresden und Berghauptmann im hessischen Frankenberg und in Arnstadt, war als Autor sowohl metallurgisch-chemischer als auch alchemischer Bücher bekannt geworden. Anfangs ein anerkannter und gesuchter Metallurge, Bergwerksexperte und Chemiker wurde er nach und nach zu einem betrügerischen Alchemisten, der dann, wie andere auch, durch Europa zog. Stationen waren zum Beispiel Kopenhagen und Stockholm. Mehrfach wurde er verhaftet, konnte aber immer wieder entfliehen. Sein Büchlein „*Sol sine Veste*",[264] also „*Gold ohne Kleider*", aus seiner seriösen Phase enthält eine der frühesten Beschreibungen der Herstellung von Goldpurpur, also von Goldnanopartikeln. Die Spuren von Johann Christian Orschall konnte man bisher nur bis 1696 verfolgen, was danach aus ihm wurde, ist bis heute nicht bekannt. Eine Legende besagt, dass er in einem Kloster in Polen gestorben sei.

Sein Sohn hatte bei dem jetzt vorsichtigeren Herzog Ernst Ludwig jedenfalls keine Chance. Mit dem Sohn eines bekannten Betrügers ließ er sich nicht ein, insbesondere nachdem der alte Zinck einen anonymen Brief erhalten hatte, in dem er vor Orschall gewarnt wurde, er sei ein „*Leutebetrüger*". Johann Anton „*Ohrschall*" kam später als Bergrat in Diensten des Fürstentums Nassau-Siegen unter.[265]

262 Karl von Weber: Aus vier Jahrhunderten. Mittheilungen aus dem Haupt-Staatsarchive zu Dresden, 2. Band, Leipzig 1858, S. 417-426.

263 Landesarchiv Thüringen – Staatsarchiv Gotha, 2-13-0021, 5167, Bl. 252-253.

264 Johann Christoph Orschall: Sol sine Veste, Augsburg 1684.

265 Hessisches Hauptstaatsarchiv Wiesbaden Bestand 171 Nr. A 643, Bl. 137-139.

Im Oktober 1713 gelang es Theophil Franck, dem Verwalter der im Umbau befindlichen Ludwigsburg, der früheren Lauterburg, auf der schon Wallich 1708 experimentiert hatte, einen Alchemisten namens Siebert oder Siegert aus dem Würzburgischen Kloster Dettelbach abzuwerben. Er reiste mit ihm auch von der Ludwigsburg bei Coburg nach Maßfeld bei Meiningen, wo ja jetzt wieder das alchemische Labor des Herzogs untergebracht war. Doch auch in diesem Fall konnte sich Ernst Ludwig letztendlich nicht entschließen, die alchemischen Versuche Sieberts zu finanzieren.[266]

Ab Mitte 1714 war dann aber erst einmal wieder Schluss mit der Alchemie. Ernst Ludwig hatte noch einmal Kontakt zu drei mehr oder weniger prominenten Alchemisten seiner Zeit, allerdings ohne sich diesmal zu einem Vertragsabschluss durchringen zu können. Wenn wir den überlieferten Akten glauben dürfen, gab es bis 1723 keine alchemischen Bemühungen mehr bei Herzog Ernst Ludwig. Das sollte sich erst in seinen letzten zwei Lebensjahren noch einmal ändern.

Aus der alchemiefreien Zeit kennen wir eine schöne Goldmünze im Wert von einem Dukaten, die 1717 anläßlich des 200. Jubiläumsjahrs der Reformation geprägt worden war. Auf der Vorderseite der in Abbildung 41 dargestellten Münze sehen wir Herzog Ernst Ludwig und seine zweite Ehefrau Elisabeth Sophie von Brandenburg (1674-1748), eine Tochter des Großen Kurfürsten. Die beiden hatten 1714 auf Schloss Ehrenburg in Coburg geheiratet, nachdem Ernst Ludwigs erste Ehefrau Dorothea Marie von Sachsen-Gotha-Altenburg im Jahr zuvor verstorben war. Für Elisabeth Sophie von Brandenburg war es bereits die dritte Ehe.

4.4.5. Die letzten Alchemisten bei Herzog Ernst Ludwig

In seinen letzten Lebensjahren ließ sich Herzog Ernst Ludwig noch einmal von der Alchemie hinreißen. Im Jahr 1723 testete Herzog Ernst Ludwig I. wieder einmal selbst eine alchemische Prozessvorschrift. Es handelte sich um ein Rezept zur Herstellung eines „*Gradir*

266 Landesarchiv Thüringen – Staatsarchiv Gotha, 2-13-0021, 5167, Bl. 261-267.

Abbildung 41: Goldmünze von einem Dukaten (3,49 g), geprägt anlässlich des 200. Jahrestages der Reformation 1717 mit dem Porträt von Herzog Ernst Ludwig und seiner zweiten Gemahlin Elisabeth Sophie von Brandenburg. Herkunft/Rechte: Münzkabinett, Staatliche Museen zu Berlin / Reinhard Saczewski

öhl", das Herzog Ernst Ludwig I. von einem Doktor Brunner erworben hatte. Mit Hilfe dieses Gradieröls sollte es wieder einmal möglich sein, Silber in Gold zu verwandeln, also zu gradieren. Das Gradieröl sollte aus Antimonöl, das auf Antimonerz und gerösteten Kupferkies zu geben ist, hergestellt werden. Diese Mischung musste „*etzliche*" Tage digeriert, also bei erhöhter Temperatur gehalten werden. Danach war es in eine Retorte zu überführen. Aus dieser wurde ein grünliches Öl übergetrieben. Das sollte man wieder auf den Rückstand in der Retorte geben, es nochmals übertreiben, dann wäre das Gradieröl fertig und könnte zur Umwandlung von Silber und Gold verwendet werden. Nachdem er sie selbst ausprobiert hatte, schrieb Ernst Ludwig am 20. April 1723 unter die Rezeptur: „*Ich habe diesen process im 1723 jahre elaboriret, und falsch befunden, so daß H. Doctor Brunner mich als einen Schelm betrogen hat.*"[267]

Die letzte Nachricht, die wir über die Meininger Alchemieperiode finden, stammt ebenfalls aus dem Jahr 1723. Am 6. Juli wurde zwi-

267 Landesarchiv Thüringen – Staatsarchiv Meiningen, 4-11-2020, 1764, Bl. 48r.

schen Herzog Ernst Ludwig und einem „*Capitein-Leutenant Johann August von Arnold*" ein Vertrag abgeschlossen, nach dem sich letzterer in Sachsen-Coburg-Meiningen niederlassen „*umb daselbsten daß Aurum potabile und andere medicamenta … zu Elaborieren*". Von Arnold erhielt u. a. ein Jahresgehalt von 200 Reichstalern, „*Freies quartier*", im Jahr zehn Klafter Holz und sechs Fuder Kohlen, das „*altägliche Bier, Broth, und Wein, so wie es andere Hoch-Fürstl.*" Bediente genießen, sowie im Jahr ein Stück Rotwildpret, sechs Hasen und eine größere Anzahl Karpfen. Der Herzog musste von Arnold auch „*die nötige Requisita zum Laboriren*" bereitstellen sowie zur Herstellung des Aurum potabile „*guhten alten fermendirten Rein wein, nebst 10 Ducaten an goldt*". Das Aurum potabile, also das trinkbare Gold, galt als hervorragende Medizin. Wir erinnern uns, auch der vormalige Meininger Hofalchemist Baron Heydenab hatte daran gearbeitet.

Rund 17 Monate später, am 24. November 1724, starb der 52-jährige Ernst Ludwig I. in Meiningen. Den Text für die Trauermusik zu seiner Beerdigung hatte er selbst verfasst, die Komposition stammte von Johann Ludwig Bach. Auch eine Goldmünze im Wert von fünf Dukaten (!) wurde anlässlich seines Todes geprägt. Wir sehen sie in

Abbildung 42: Goldmünze von fünf Dukaten, geprägt 1724 anlässlich des Todes von Herzog Ernst Ludwig I. von Sachsen-Coburg-Meiningen.
Eigentümer der Bilder: Fritz Rudolf Künker GmbH & Co. KG, Osnabrück

Abbildung 42. Nachfolger von Ernst Ludwig I. wurde sein noch minderjähriger Sohn Ernst Ludwig II. (1709-1729, Herzog seit 1724). Weder von ihm noch von den nachfolgenden Herrschern von Sachsen-Meiningen sind alchemische Versuche bekannt. Heute, etwa 300 Jahre später, findet sich auch in den Sammlungen der Meininger Museen kein Hinweis mehr auf die einstige „Alchemie-Phase" im Herzogtum Sachsen-Meiningen.

In der Gesamtschau der alchemischen Projekte der beiden ersten Herzöge von Sachsen-Meiningen kann man konstatieren, dass sie nicht gezielt einer bestimmten alchemischen Theorie oder Idee nachfolgten, sondern vielmehr mit verschiedensten auswärtigen Alchemisten an Projekten ganz unterschiedlicher Natur arbeiteten. Dabei ging es sowohl um das Universal (Creutzberger, Heydenab, Rudrauff), also den Stein der Weisen, als auch um Partikularrezepte der teilweisen Umwandlung von Blei in Silber (Struve) oder Silber in Gold (Michael, Wallich). Auch Aurum Potabile, also Trinkgold (Heydenab, Arnold) oder Sympathetisches Pulver (Heydenab) waren als vermeintliche Medikamente zeitweise das Ziel der Experimente.

5. Abspann

An der Wende des 17. zum 18. Jahrhundert gab es einen gewaltigen Umbruch im bis dahin wechselweise Chemie oder Alchemie genannten Betätigungsgebiet. Es begann sich eine moderne Naturwissenschaft zu formieren, die dann Chemie genannt wurde, während der nicht von ihr übernommene mystisch-magisch-spekulative Teil fortan als Alchemie bezeichnet wurde und eben nicht mehr als Wissenschaft galt. Ganz wichtig für diesen Übergang war das Werk des aus dem fränkischen Ansbach stammenden und in Jena, Weimar, Halle und Berlin wirkenden Mediziners Georg Ernst Stahl (1659-1734). Mit der Entwicklung seiner Phlogistontheorie, die auch auf Vorarbeiten von Johann Joachim Becher beruhte, trug er ganz wesentlich zu diesem Vorgang bei. Stahl postulierte mit dem Phlogiston einen Reaktionsteilnehmer bei chemischen Reaktionen, mit dem er viele scheinbar völlig unterschiedliche Vorgänge, wie die Verbrennung pflanzlicher Materialien, die Gärung oder die Umwandlung von Metallen in Metalloxide (damals Metallkalke) als nach einem einheitlichen Muster ablaufende Reaktionen erklären konnte. Stahl nahm an, dass in diesen Fällen immer Phlogiston, was er auch das „*brennliche Wesen*“ nannte, abgegeben wurde. Die Rückreaktion, wenn die Metallkalke mit Kohlenstaub gemischt und erhitzt wurden und sich wieder das Metall bildete, deutete er als eine Aufnahme von Phlogiston aus der phlogistonreichen Kohle. In der Phlogistontheorie war kein Platz für den Stein der Weisen und auch die Umwandlung unedler Metalle in Silber oder Gold gehörte nicht zu den mit der Phlogistontheorie beschreibbaren Reaktionen. Damit war das Ende der transmutatorischen Alchemie als einer ernsthaften Wissenschaft eingeläutet.

Die alchemischen Aktivitäten der ersten beiden Herzöge von Sachsen-Meinigen fielen genau in diese Zeit des Übergangs von der Alchemie zur Chemie. Die neuen wissenschaftlichen Erkenntnisse von Georg Ernst Stahl und seinen Schülern, wie Johann Juncker (1679-1759) oder Caspar Neumann (1683-1737), hatten aber noch keinen Einfluss auf die alchemischen Bemühungen der beiden fürstlichen Alchemisten und auch bei den meisten ihrer Vertragspartner und Bediensteten war diesbezüglich kein Wissen vorhanden. Das ist auch nicht überraschend, denn in Lehrbüchern der Chemie wurde die Phlogistontheorie erst ab etwa 1720 behandelt. Die Keimzellen ihrer Verbreitung lagen im Königreich Preußen, in der Universitätsstadt Halle an der Saale und in der Residenzstadt Berlin mit dem Collegium Medico-Chirurgicum. Die thüringischen Universitäten Jena und Erfurt hinkten in dieser Hinsicht hinterher. Positiv hob sich nur der junge, früh verstorbene Medicus Georg Theodosius Zinck von dieser Umgebung ab. Ganz gegen seinen Willen wurde er von Herzog Ernst Ludwig gezwungen, dessen alchemischen Projekte zu unterstützen und zuletzt sogar als Hofalchemist anstelle des gefeuerten Barons Heydenab zu treten. Mutig trat er dem Herzog immer wieder entgegen und versuchte, ihn beharrlich von seiner kostspieligen und aussichtslosen Begeisterung für die Alchemie abzubringen. Doch umsonst.

Bei Ernst Ludwigs Nachfolgern hatte die Alchemie dann aber doch ausgedient. Von ihnen sind keine diesbezüglichen Aktivitäten mehr überliefert. Es bedarf eben oft einer neuen Generation, damit sich wissenschaftliche Erkenntnisse durchsetzen.[268]

268 Frei nach Max Planck (1858-1947): „Eine neue wissenschaftliche Wahrheit pflegt sich nicht in der Weise durchzusetzen, daß ihre Gegner überzeugt werden und sich als belehrt erklären, sondern vielmehr dadurch, daß ihre Gegner allmählich aussterben und daß die heranwachsende Generation von vornherein mit der Wahrheit vertraut gemacht ist." in: Max Planck: Wissenschaftliche Selbstbiographie, Johann Ambrosius Barth Verlag, Leipzig, 1948, S. 22.

„Fort mit des Goldes Fluch,
der mich gefangen hält,
der wie ein Leichentuch
auf mein Denken fällt.
Aus Spuk und Zauberdingen
wird niemals Gold,
umsonst ist alles Ringen
in diesem Sold,
so wird mir nicht gelingen,
was ich gewollt."

Norbert Jäger, Stern Combo Meißen, 1979.

Anhang

Währungen im sächsisch-thüringischen Raum um 1700:

Silbermünzen Taler und Gulden:

- Reichstaler (Thlr.) zu 24 Groschen (Gr.)
- Meißnische Gulden (fl.) zu 21 Groschen (Gr.)
- 1 Groschen (Gr.) zu 12 Pfennigen
- Fränkische Gulden (fl.) zu 63 Kreuzern
- 1 Kreuzer zu 4 Pfennigen

Dukat: Goldmünze von 3,49 g, davon in der Regel 3,44 g Gold:

- ab 1667: 1 Dukat = 2 Taler + 21 Groschen = 69 Groschen = 3 Gulden + 6 Groschen

Gewichtseinheiten:

- 1 Mark = 233,85 g
- 1 Pfund (= 2 x Mark) = 467,7 g
- 1 Lot (= 1 Pfund / 24) = 19,48 g
- 1 Gran (= 1 Pfund / 5760) = 81,2 mg
- 1 Quintlein (= 1 Lot / 4) = 4,87 g
- 1 Zentner = 100 Pfund = 46,77 kg
- 1 Unze (= 1 Pfund / 16) = 29,23 g

Alexander Kraft

Dr. Alexander Kraft ist Chemiker und Chemiehistoriker. Er stammt aus Halle an der Saale und lebt seit 1984 im Großraum Berlin. Als Chemiker arbeitet er seit seiner 1994 erfolgten Promotion an der Humboldt-Universität zu Berlin für verschiedene internationale Start-up-Firmen, u. a. im Bereich schaltbarer Sonnenschutzgläser, in den letzten Jahren für ein schwedisches und ein spanisches Unternehmen.

Als Chemiehistoriker konzentriert sich Krafts Forschung auf die Geschichte der Chemie und Alchemie von der Frühen Neuzeit bis ins 20. Jahrhundert in Deutschland. Kraft ist Autor von zwei chemiehistorischen Büchern; zur Geschichte der Chemie in Berlin und zur Geschichte des Berliner Blaus. Eine Biografie der Weimarer Alchemistin Dorothea Juliana Wallich befindet sich in Arbeit und soll 2025 erscheinen. Kraft ist Mitglied des von Prof. Martin Mulsow geleiteten Netzwerkes Alchemie am Forschungszentrum Gotha der Universität Erfurt: https://www.uni-erfurt.de/forschungszentrum-gotha/forschung/arbeitsstellen-und-netzwerke/netzwerk-alchemie. Für die Jahre 2023 bis 2026 wurde er in den Vorstand der Fachgruppe Geschichte der Chemie der Gesellschaft Deutscher Chemiker (GDCh) gewählt.